智元微库
OPEN MIND

成长也是一种美好

反内耗思维

阿德勒的 16 堂钝感力训练课

羊梨笔记 著

人民邮电出版社

北京

图书在版编目（CIP）数据

反内耗思维：阿德勒的 16 堂钝感力训练课 / 羊梨笔记著 . -- 北京 : 人民邮电出版社，2024. -- ISBN 978 -7-115-65574-5

Ⅰ . B842.6-49

中国国家版本馆 CIP 数据核字第 2024K67W72 号

◆ 　　著　羊梨笔记
　责任编辑　陈素然
　责任印制　周昇亮

◆ **人民邮电出版社出版发行**　　北京市丰台区成寿寺路 11 号
　邮编 100164　电子邮件 315@ptpress.com.cn
　网址 https://www.ptpress.com.cn
　文畅阁印刷有限公司印刷

◆ 开本：880×1230　1/32
　印张：9　　　　　　　　　2024 年 12 月第 1 版
　字数：200 千字　　　　　 2025 年 11 月河北第 8 次印刷

定 价：59.80 元

读者服务热线：（010）67630125　印装质量热线：（010）81055316
反盗版热线：（010）81055315

精神内耗与解读方式

你是一个容易内耗的人吗？

也许你已经给自己贴上了"容易内耗"的标签，也许你并不认为自己整体上是一个容易内耗的人，但在某些时候、某些场景下，你可能还是感觉自己受到了精神内耗的困扰，忍不住胡思乱想。

有时候，你可能在人际关系中受挫，感觉自己不能很好地融入周围的人群和环境，甚至会怀疑自己是否被孤立、被针对。

有时候，你可能特别在意别人的态度。别人轻飘飘的一句话，你就容易多想，担心对方是不是在指桑骂槐。

有时候，你可能感觉自己特别容易陷入各种情绪，如愤怒、沮丧、羞耻。当你意识到这些情绪的存在时，你会发现它们已来势汹汹，负面情绪笼罩着你，让你困在情绪的泥沼中，什么都不想做，也什么都做不了。

有时候，来自长辈、老师、上级的批评，会让你特别犯怵，甚至进入"越被批评就越没自信，而越没自信就越被批评"的恶性循环。

有时候，你可能感觉自己特别容易过度紧张，尤其是在见"大人物"的时候。还没与他们见面，你心里就在打鼓；等到见了面，可能已经哆哆嗦嗦、紧张得不成样子了，甚至大脑一片空白，把原先精心准备的腹稿忘得一干二净。

有时候，你会反思自己是不是过于"一点就着"。复盘时，在你如今看来不过尔尔的一件小事，当时却令你怒火中烧，失去理智。

有时候，你可能觉得自己是个悲观主义者，甚至很难用语言表达清楚自己到底在悲观什么，但只要一想到未来，你的内心就涌出一股莫名的焦虑。

有时候，你会埋怨自己太好说话，像个"好好先生"，甚至怀疑自己是不是有讨好型人格。比如你明明很不想做一件事情，但就是不好意思开口拒绝，稀里糊涂就应了下来……

如果我们有反思、自省的习惯，那么可能每个人都会从自己的日常生活中挖掘出类似的回忆：在那些当下，我们仿佛被困在精神内耗的笼子里，对怨愤、沮丧、焦虑、恐惧、纠结、紧张、羞怯等情绪过于敏感，然后判断力被干扰，行动力被束缚，表现大失水准，令自己很失望。

每当这些场景出现的时候，你可能都希望：要是自己的钝感力再强一些就好了。只要自己的钝感力强大起来，就会远离精神内耗！这个想法没错，但问题是：怎么加强钝感力呢？

也许，你研读过很多关于钝感力的图书，也尝试过很多类型的心理调节术，却收效甚微……

也许，你对加强钝感力这件事本身就存有疑虑：如果自己的钝感力加强了，是不是会有情商降低等副作用呢？

用一句有"标题党"嫌疑的话来讲就是：关于钝感力，你从前的理解可能都是错的！

如果你对钝感力心向往之，却又不得要领，那么也许你该试试本书分享给你的这套来自阿德勒心理学的钝感力心法。

在开始正题之前，我们需要先宕开一笔，简单聊聊阿德勒心理学。

阿尔弗雷德·阿德勒，生于 1870 年，卒于 1937 年，出身奥地利的一个犹太家庭，是心理学界的一位殿堂级宗师，也是个体心理学派（又称为阿德勒心理学或者阿德勒学派）的创始人。

阿德勒的个体心理学，虽然在今天的心理学界中存在感并不是很强，提及率也不是很高，但是这并不意味着它已经过时。恰恰相反，阿德勒心理学经过岁月的沉淀，已经成为现代心理学的重要理论基石，它也是如今活跃在心理学界的诸多流派的共同源头之一。

比如在后来的人本主义、积极心理学等流派中，我们都能看到阿德勒心理学的精神内核在闪闪发光，看到它的生命力和实用性。

阿德勒心理学致力于探索人类错误思想和问题行为背后的根本原因。从阿德勒学派的理论成果和方法论中，我们可以窥见钝感力问题的底层逻辑。

阿德勒在自己的著作里，无比强调这么一个概念：interpretation。这个词的常见释义是解释、翻译。而在阿德勒心理学的理论体系里，interpretation 意味着一个人解读世界的方式。

如此一来，interpretation 这个概念范围便可大可小：往大了讲，它能指代一个人解读整体世界的方式，跟我们通常所说的世界观、人生观、价值观比较接近；往小了讲，在一个具体情境的局部，它又能指代一个人对当前情境的解读方式，也就是这个人如何看待当前情境，如何看待发生在自己身上的事情，如何看待正在和自己发生交互的他人。

无论概念是大还是小，interpretation 这个术语都可以被我们翻译成"解读方式"。在阿德勒心理学看来，一个人一切行为的源头、一切情绪的源头，都在于他对外界信息的解读方式。

以嗟来之食的故事为例，一个穷困潦倒的人，遇见有人向自己施舍食物，但那个人语气又不太客气，他会怎么解读这个场景呢？假如这个穷困潦倒的人把对方的行为解读为对自己人格的侮辱，那么他就会萌发屈辱、愤怒的敌对情绪；但假如把对方的行为解读为善意施恩，那么他将萌生感恩的友好情绪。

面对同样的外界信息，不同的解读方式，会让我们萌发截然不同的情绪。如果我们认为自己存在情绪问题，比如容易内耗、过于敏感、缺乏钝感力，认为自己的行为无法令自己满意，想要修正自己的行为和情绪问题，那么我们能做的和应该做的，就是升级自己的解读方式。

升级自己的解读方式既是反击内耗提升钝感力的不二法门，也是阿德勒学派的心理疗法最为看重的方法论。它绝非仅针对控制情绪、调节情绪这一层面，而是深入解读方式层面，旨在让你升级自己的思维地图，改变自己对特定场景的思维认知习惯。

升级自己的解读方式不是心理调节术，而是认知升级。

跟随本书，你将踏上这样一段钝感力修炼之旅：你不必学习复杂晦涩的心理学知识，不必改变性格，不会失去从前的敏锐所带给你的种种好处……无须付出这些代价，你就能掌握驾驭情绪的密码，远离精神内耗。

不仅如此，你将学会的不只有驾驭情绪，还有优化自己的思维方式。你将学会从更高的维度看待曾经困扰自己的生活难题，更高效地分配自己宝贵的注意力资源，从根本上解决过量情绪对自己的困扰。

而且，你将能够读懂各种人际关系的真相，读懂他人行为和情绪背后的逻辑，从而减少误解与敌意，改善自己的人际关系。

除了论道明理，在"术"的层面上，本书将提供庞大的"解读方式库"，帮助你在应对从前的旧情境和老问题时，找到新的灵感，从此在面对外部信息刺激时，拥有"选择回应方式的自由"！

这些崭新的解读方式，可以被归纳为 16 种思维工具，广泛适用于各种容易令人内耗的棘手情境。本书的第一部分是关于钝感力问题的理论基础，第二部分是对 16 种反内耗思维工具的介绍，读者朋友可以把它们当作来自阿德勒心理学的 16 堂钝感力训练课。

下面，就让我们正式开启这段思维之旅吧！

目录

对钝感力问题的
元思考

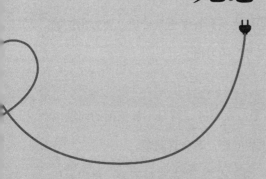

提问的艺术和科学，是一切知识的源头。

——托马斯·伯格

无论是在科学研究中，还是在日常生活中，我们都经常发现这样一个事实：提出正确的问题，往往比找到答案更具价值。要提出正确的问题，我们就必须养成"元思考"的习惯。

什么是元思考？

所谓的"元"，是本源的意思。元思考，就是不被当前的问题困住，回归问题的源头，从而跳出假问题，聚焦真问题。

互联网上有这样一个"梗"流行至今："先问是不是，再问为什么。"这句话还有一个变体："先问该不该，再问怎么做。"

它们给了我们这样一个启发：问题与问题之间，是有优先级的，一些问题的优先级更高。我们如果搞不清这些问题之间的优先级顺序，就有可能被假问题扰乱思路，看不清事情的真相。

举两个例子。

比如，当我们听到"走出舒适区是毒鸡汤"这种说法时，会提问：

"为什么说走出舒适区是毒鸡汤？"

像这样的问题就不是一个好问题。因为我们并不能确定走出舒适区就是毒鸡汤，所以我们很有可能提出了一个错误的问题。正如"先问是不是，再问为什么"，如果跳过了"是不是"就直接问"为什么"，这样的问题就不够"元"，很可能导致我们在一个假问题上浪费时间。

如果我们想要养成元思考的习惯，就必须提出优先级更高的问题：

"走出舒适区，到底是不是毒鸡汤？"

这个问题要好一点了，但我们还是无法回答。因为我们还没界定清楚所谓的"走出舒适区"这五个字到底是在指什么。所以我们还需要继续提问：

"'走出舒适区'到底意味着什么？我们要走到哪里去呢？"

到这一步，我们已经快要接近真问题了，但它仍然不够"元"。我们仍需继续提问：

"到底什么是舒适区？"

这才是真正的元思考。当你开始提出这个问题并对此展开探究时，就说明你走上了正轨。

再举个例子。假设你是一位被育儿问题困扰的妈妈，你发现自己5岁大的孩子开始跟你犟嘴，让你很头疼。于是你开始思考并提问：

"我怎么才能让孩子改掉爱犟嘴的毛病？"

这是个很糟糕的问题，你需要"先问该不该，再问怎么做"。你需要优先提问：

"我该不该让孩子改掉爱犟嘴的毛病？"

好了一点，但远远不够。你需要继续提问：

"孩子爱犟嘴是不是毛病？"

好了不少，但还有优化空间：

"到底什么是犟嘴？"

到了这里，你就实现了真正的元思考，也就距离找到答案不远了。

从以上的例子，我们可以看到一个共性：真正的元思考，呈现的好像都是这样的句式：

"到底什么是 ×× ？"

这一点并不是巧合。

"到底什么是 ××"这个句式的含义，是探究一个概念的内涵与外延。而概念是逻辑的基础，也是人类理性思考的基石。只要我们试图搞清楚一个领域的真相，就离不开对概念的探究。所谓养成元思考的习惯，正是要从概念着手。

对于钝感力问题，同样如此。

"我该怎么提高我的钝感力？""钝感力如果提高了，会不会带来降低情商的副作用？"……

以上问题，都不属于优先级高的问题。有元思考意识的我们，需要先回归问题的源头——什么是钝感力。

01 关于钝感力:
究竟要对什么钝感

很多人都说,钝感力很重要,需要提高钝感力。所谓钝感,是指对什么钝感? 这个问题并不像看上去那样简单。我们只有搞清楚了这个问题,对钝感力的训练才不会失之偏颇。

"小公务员"该提高钝感力吗

最能直观体现钝感力的例子,是契诃夫的小说《小公务员之死》中讲述的故事。

这个故事很有意思:沙俄的一个小公务员,有一天在戏院看戏时,不小心打了一个喷嚏,把唾沫星子喷到了一位将军的后脑勺上。将军虽然表现得很大度,但小公务员一直忐忑不安,一次又一次地找将军道歉。

将军认为这只是一件小事，过去就算了，但小公务员总是为这点小事缠着将军，将军越来越不耐烦；后来，将军一看见小公务员就感到格外厌恶，甚至忍不住对他大发雷霆。

在小公务员看来，自己越道歉，将军越生气，可见自己犯的错真的很严重。小公务员的心理压力越来越大，最后活活把自己吓死了。

作为读者，我们很容易给这个故事里的小公务员写下这样的评语：他的钝感力太差，本来没多大的事，他自己太敏感，加了太多的戏，也就为自己平添了太多压力。

如果我们要帮这个小公务员复盘并总结经验教训，估计会告诉他：你要提升钝感力，对这些事情不要那么敏感……

然而，假设这个小公务员照着这些建议做了，真的对这些事情不再敏感，也对将军的喜怒哀乐不敏感，对将军下达任务时的弦外之音不敏感……那么他未来的处境，是否真的会更好呢？

这样一来，提升钝感力这个事情，到底是好还是坏，好像一下子就变得模糊起来，令人两难：钝感力太弱，我们就会像小说里的小公务员那样，有一点风吹草动自己就紧张得够呛，以至于日子都没法过了；钝感力太强，我们在人际关系上很可能会莫名其妙地踩很多坑，这也不是件好事。那么，我们究竟该如何是好？到底该不该提升钝感力呢？

因此，在本书的第一节，我们非常有必要界定清楚钝感力这个概念。

对信息钝感还是对效用钝感

钝感力，顾名思义，就是我们对某事物钝感、不那么敏感的能力。然后问题就来了：对某事物钝感，那么这个事物究竟是什么呢？

总的来说，这里的某事物，也就是钝感的对象，从第一人称视角来看，可以被分为两大类。

第一大类对象，是外界信息，包括环境出现了什么新变化、市场出现了什么商机、公司里的人际关系格局发生了哪些变化、另一半的情绪出现了哪些波动……这些对我们来说都属于外界的信息，我们有可能对它们敏感，也有可能对它们钝感。

第二大类对象，是自己的感受，其学名叫"效用"。

效用，是人受到外界的信息刺激而产生的心理感受。就好比你考试考了满分，这个外界信息能让你产生很开心、很骄傲的效用。你上班挨了公司领导骂，这个外界信息，就产生了让你很沮丧、很担心的效用。对效用，我们既有可能敏感，也有可能钝感。就好像公司领导批评了你，你可能很往心里去，也可能不太在乎。

由此，我们可以根据这两大类对象，将钝感力划分成两种类型：**对信息的敏感或钝感和对效用的敏感或钝感。**

到了这里，我们就可以对钝感力这个概念做第一次的甄别排除：我们所说的、所希望提升的钝感力，**绝不是针对信息的钝感力。**

这一点不难理解。对于信息，在大部分情况下，"钝感力"提升都不是件好事。

比如，你夏季去野外玩，来到山脚下的一条小溪旁，拍拍照、玩玩水。这时候水流悄然变急了，你还能看见水中带着一些泥土，但你没放在心上，直到水位突然暴涨，有人开始喊"上游放水啦，大家快撤呀"，这时你才意识到马上就要发大水了。在这种情况下，对环境的钝感可能会让你身陷危险之中。

再比如，你在跟同事们一起聚餐时，谈起了自己的相亲经历。谈到自己的相亲对象之中，居然有一个离了婚且带着女儿的爸爸，你认为对方压根配不上自己，对这种离婚人士一顿冷嘲热讽，吐槽得好不痛快，却没注意到对面同事正朝你悄悄努嘴、使眼色。原来隔壁桌正好就坐了一对父女，他们已经放下了筷子，脸色低沉，相对无言，八成是在你的吐槽中"躺了枪"。而你对这些信息浑然不觉，仍说得起劲。这便是对沟通中别人释放的信息钝感，它可能会让你于无形中得罪很多人。

再比如，你前一阵被借调参与了一个项目。项目执行完毕，那个项目的领导对你的评价很不错。你对此感到很开心，总是忍不住在同事面前炫耀，甚至在自己的直属领导面前也控制不住炫耀的冲动。你没注意到，那个项目的领导跟你的直属领导之间有矛盾。那个项目的领导夸你，在你的直属领导眼里并不是好事。你的炫耀，可能会让直属领导对你不满。这便是对人际关系的形势格局钝感，它可能让你的职业生涯陷入低谷。

对于以上信息，我们要做的就不是提升钝感力，而是要训练自己，让自己更为敏锐。

不过，对于信息的钝感并不是百分之百不好的。有些人恰恰由于对信息钝感，对人际关系的琐碎细节钝感，才能更加专注于自己所喜爱的事情，频频进入心流状态，获取最佳体验，快速提高自己在某些领域的专业技能。从专业技能提升这一点上说，对信息钝感可能是件好事。

但在大部分情况下，对信息敏感都好过对信息钝感。本书所探讨的提升钝感力，指的一定不是对信息的钝感力。这就是对钝感力概念的第一次甄别。

刺激系数

既然钝感力指的不是对信息的钝感，那么我们就把讨论范围缩小到了效用感受这部分。关于这一部分，我要向你介绍一个特别有助于理解钝感力本质的重要概念——刺激系数。

所有的效用都是受某种信息的刺激而产生的，但对于不同的人来说，同样的信息刺激，产生的效用会很不一样。

同样是关键绩效指标（KPI）没完成，被公司领导说了一顿，有人可以不太拿它当回事，该干什么干什么；而有人可能就会深深地陷入不安和羞愧，生怕公司领导和同事今后会一直看低自己。

同样是找公司领导要求升职加薪，有人能从容应对，侃侃而谈，说话有理有据；而有人却紧张得不得了，刚走进公司领导办公室的门，就已经呼吸急促，大脑一片空白。

同样是遇到"雪糕刺客"，到了收银台前才知道价格贵得离谱，有人皱皱眉，放下雪糕就走了；而有人却怎么都不好意思不买，只能硬着头皮买了下来，不情不愿地吃了哑巴亏。

同样是遇到心仪的异性，有人可以大大方方地上前跟人家打招呼、要微信、约吃饭，有人却要一遍又一遍地踌躇纠结，很想搭讪又害怕自己哪里表现不得体、很丢脸……

我们可以发现，在信息和效用之间，存在一个"刺激系数"。同样的信息，能产生多大的效用，由刺激系数决定。对于刺激系数，我们可以借助类似数学公式的形式来更好地理解：

$$刺激系数 = 效用强度 \div 信息强度$$

由表达式可知，刺激系数越大，同样强度的信息产生的效用强度也会越大。在生活中表现为，一丁点小事就会让一个人产生巨大的心理波动，表明这个人的钝感力相对较弱。刺激系数与钝感力是负相关的关系。

刺激系数，是我们理解钝感力概念的一个抓手。我们要提升钝感力，一定不是对信息做功，而是要对刺激系数做功，想办法降低自己的刺激系数。也就是说，对于同样的信息，我们要想办法降低它对自己情绪的刺激作用。

对生理感受钝感还是对心理感受钝感

元思考进行到这一步，我们已经接近钝感力这个概念的本义。之所以说"接近本义"，而不是"了解本义"，是因为我们还缺一步甄别工作。对于钝感力这个概念，我们还需要再排除掉一些"杂质"。

要知道，效用，也就是感受，既包括心理感受，也包括生理感受。刺激系数这个概念，同样有心理和生理之分。其中，生理感受方面的刺激系数和钝感力也不在本书的探讨范围。

比如，同样是打预防针，有的小孩被针扎一下就疼得哇哇大哭，有的小孩就不哭不闹，好像不怎么疼。这也是由刺激系数的不同引起的，也可以说是钝感力的一种。但这种钝感力并不是越强越好。

有人对痛觉这一身体报警的信号后知后觉，一些重大疾病的前兆就因此而被忽略了。也有人对味觉的钝感力太强，夏天，冰箱里的剩菜都已经放坏了，他们自己仍闻不出来、尝不出来，稀里糊涂地吃了下去，结果吃坏了肚子、食物中毒。拥有这种强钝感力往往不是什么好事。

因此，生理感受方面的钝感力，也是我们在探讨钝感力概念本质时要排除的杂质。

到了这里，我们就可以把钝感力这个概念明确一下。它在本书中指的是一个人在心理感受方面的刺激系数的"倒数"，用类似数学式子的形式可以表达为：

$$钝感力 = \frac{1}{（心理感受方面的）刺激系数}$$

我们要提升钝感力，就需要降低刺激系数。前文提到，刺激系数 = 效用强度 ÷ 信息强度。在大部分情况下，信息来自外界发生的事情，我们无法控制，也改变不了它的强度。我们要降低刺激系数，就需要从效用强度入手。而降低效用强度，则要从人的情绪入手。

在生活中，很多时候我们会受到过多情绪的困扰，这些情绪就像绑住了我们手脚的绳索一样，让我们在面对上级批评时、被别人激怒时、当众出糗时、遇到陌生而心仪的异性时，都表现得束手束脚，完全发挥不出应有的水平。我们之所以要提升钝感力，是因为觉得自己产生这些情绪不是件好事，想挣脱过多情绪的束缚，让它们别再乱给自己"加戏"，别干扰我们的生活决策。

现在到了可以回答一开始的问题的时候了。当我们说到钝感时，究竟是要对什么钝感？不是对环境变化、人际关系、他人情绪和自己的生理感受这些对象钝感，而是要对那些困扰我们的情绪钝感。钝感力锚定的是情绪的刺激系数，要想提升钝感力，我们就要降低刺激系数，让同样的信息、事件，对我们的情绪冲击小一点，从而不让那些情绪困扰自己。

这么说来，大家可能会产生一种印象：有害情绪听起来好像是生活中的"大反派"，需要我们加以控制。但真的是这样吗？那些看上去有害的情绪，真的有害吗？

02 看上去有害的情绪，
真的有害吗

前面提到，钝感力跟刺激系数负相关。提升钝感力，就是降低刺激系数，让同样的事件引发的情绪波动小一点，其着眼点在情绪。

说到情绪，那就复杂了。人有七情六欲，从效用的正负来讲，人有正面情绪，比如开心、兴奋、满足、自豪、感动等，这些情绪通常会让我们感觉很好，它们提供的是正效用；而负面情绪，比如沮丧、恐惧、羞耻、愤怒、嫉妒等，这些情绪通常让我们感觉比较糟糕，提供的是负效用。

很显然，大家一般不会认为钝感力的作用对象是正面情绪。明明很开心的一件事，我还要降低刺激系数，让自己别那么开心？大部分人都不会这么认为。

而负面情绪，会让一个人不那么好受，影响他的生活状态，对个体有害，因此我们需要提高自己对它们的钝感力，控制住这些负面的、有害的情绪。

这种说法看上去好像没问题，但真的是这样吗？

对情绪，不能"脱离剂量谈毒性"

在思考这个问题的时候，我们需要建立一种认知：所谓有害情绪，是一个伪概念。对情绪，不能"脱离剂量谈毒性"。

有一部心理学和脑科学科普色彩很浓的动画电影，叫作《头脑特工队》，电影为我们形象地展示了，在一个人的大脑控制中枢里，存在着 5 个形象迥异的情绪小人：开心（joy）、愤怒（anger）、厌恶（disgust）、恐惧（fear）和悲伤（sadness），每个情绪小人都有可能在某些时候主宰这个人的言行举止。

如果按正负效用来划分的话，5 个小人里，只有开心属于正效用阵营，其他 4 个都属于负效用阵营，是我们默认的糟糕情绪、有害情绪。

在这部电影的大部分时段里，只有在开心主宰大脑控制中枢时，大脑的主人才会做出好的举动，其他 4 个负面情绪好像都只会惹乱子、拖后腿。但还有一些时候，我们会看到，其他 4 个情绪小人也在发挥积极的作用，而且这些作用是开心的正效用所无法带来的。

电影的设定，当然不能作为科学上的依据，但它至少给了我们一种启发，让我们看到一种可能性：是不是在看似有害的情绪中，也会有积极正面的成分呢？

答案是肯定的。

负面情绪也有积极作用

千百万年来，随着人类这种生物的演化，逐渐形成了一种系统化机制，这种系统化机制帮助人类的祖先在远古时代危险的自然环境中生存下来。每一种情绪，哪怕是看似有害的情绪，都会对人类祖先的生存、繁衍，起到积极的作用。

当人们遇到挫折的时候，会表现出**沮丧**情绪。比如人类祖先试图翻越一座山，为部落探索新的生存营地，却翻不过去，导致探索行动受阻。这时候沮丧情绪就会出现，这种情绪会提示人们，"眼前出现了巨大的困难，我们不能沿着老路蛮干，要么换一条路，要么增加探索的人手和物资储备"，人们会对表现出沮丧情绪的这位部落同伴施以援手，通过社会合作的力量来克服生存中的困难。

当人们遇见危险的动植物和自然环境的时候，会表现出**恐惧**情绪。这种情绪会感染并警告所有的同伴"这里很危险，大家赶紧避开"，并因此提高了自己和种群的存活率。

当人们做出了不符合族群规范的事情的时候，会表现出**羞耻**情绪。这种情绪同样会警告自己和他人，之前的行为是不被集体接受的，如果要继续做出这种行为，或者其他成员要效仿这种行为，就必须冒着被集体驱逐出去，独自面对自然界各种威胁的风险。通过这种风险警示机制，部落成员被统一的规范约束起来，它虽然限制了个人的行动自由，但减少了部落中的内耗，提高了种群整体的生存能力。

当人们遭到其他同类冒犯的时候，会表现出**愤怒**情绪。这种情绪有助于人们彰显力量，彰显自己不允许个人利益、家族利益被肆意践踏的决心，并可以通过威慑来保护自己的利益。而且，在愤怒情绪主导下的内分泌系统会有助于个人提升力量和战斗能力，帮助个人在接下来可能发生的争斗中提高胜率。

当人们感受到自己的地位可能被其他人超越时，会表现出**嫉妒**情绪。这种情绪会提示他们注意环境变量，提醒自己环境中有一些潜在的额外利益，但受各种因素影响自己并未得到它，却被别人得到了，自己理论上也有可能获取这些额外利益来改善自己的生存状态。

我们可以对所有的有害情绪一一剖析，从中找出它们在人类远古生存环境中所对应的积极意义。这些积极意义并没有因为时代的进步而消失，对一个在现代社会中生存的人而言，这些负面情绪中的积极意义同样存在。

沮丧、嫉妒可以让人感知到自己的不足，立足上进；恐惧提醒人远离风险；羞耻提示人可能做出了不被集体所容许的事情，有被孤立的可能；愤怒一方面有警示冒犯者的作用，一方面也可以提升个体的战斗意志……这些情绪的积极意义，仍然在跨越时间，发挥着作用。它们不应该被一棍子打死，不应被笼统地归入有害情绪。

可见，对于情绪，我们不能脱离"剂量"谈"毒性"。哪怕是负效用、负面情绪，也不能被笼统地定义为有害情绪。只要"剂量"适当，所有情绪都对改善我们的处境有益。只有过量的情绪，才会捆住我们的手脚，让我们的状态变差。

探讨到这里，我们对情绪的认识就更深了一层，我们知道了"剂量"的重要性。但是，什么样的"剂量"算适量，什么样的"剂量"算过量呢？

耶克斯－多德森定律

关于这一部分，我们可以参考心理学历史上一个类似的概念，那就是耶克斯－多德森定律。

1907 年，心理学家耶克斯和多德森研究发现了一个人的压力水平和他的行动绩效表现之间的关系：随着压力水平的提高，人进入唤醒状态，其绩效表现也会提升，但这种提升是有限制的；当压力水平提高到一定程度之后，其绩效表现反而会下降。

在这个定律的基础上，后世的心理学研究者们又进行了大量相关的研究，提出了"舒适区""最佳表现区"和"危险区"等概念。基于这些研究，我们可以绘制一个函数图形，来形象地表达压力水平与绩效表现的关系。为了表述方便，本书将这个函数图形简称为"耶克斯曲线"（见图 0-1）。

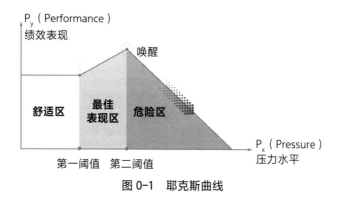

图 0-1　耶克斯曲线

其中横轴代表压力水平，越往右越高；纵轴代表绩效表现，越往上越好。

曲线的第一部分是一道平坦的从左到右的直线。它表示，从毫无压力到有了一部分压力，在这个阶段，人们的绩效表现是稳定的，几乎不受什么影响。这一段平坦的直线之下就是**心理舒适区**。

当压力水平突破某个值（第一阈值）之后，人们的绩效表现开始提升。说明随着压力水平提升，绩效表现也会提升，但在压力达到第二阈值时，绩效表现到达了顶点。这一段说明一个人在通过适度提高压力水平，走出舒适区之后，自己的心理会进入一种**唤醒**状态。在唤醒状态下，人的内分泌系统会发挥某些作用，产生一些能增强体能、智能、意志力的化学物质，提高人的绩效水平，甚至使人超常发挥。这一段绩效表现随压力增加而增加的区域，就叫作**最佳表现区**。

但如果压力水平继续增加，个体的绩效表现就不再增长，反而开始下降，如果持续增加压力，绩效水平就会一路跌破舒适区的绩效水平，直至见底。这一段发生了什么呢？原来，随着人的压力水平越来越高，人们会脱离最佳表现区，进入**危险区**，此时，压力水平就会开始妨碍绩效水平的提升，让人连原本会干的活也不会干了。

这就像有些孩子喜欢沿着马路边走着玩，虽然马路边很窄，但很多孩子善于保持平衡。而如果把同样宽度的走道升到30层楼的高度，那些孩子还能在上面保持平衡吗？恐怕不可能吧！即便是训练有素的杂技演员，也很难保持正常水平。随着压力水平急剧上升，人的绩效表现会迅速下降，进入危险区。

因此，完整的耶克斯曲线由三个部分组成，先是左侧平坦的舒适区，接着是绩效随压力提升而提升的最佳表现区，最后是绩效随压力提升而跌落的危险区。

这里之所以花了这么多篇幅介绍耶克斯曲线，是因为不仅是压力和压力背后的焦虑情绪，其他类型的情绪，尤其是通常意义上的有害情绪，对我们行动能力的影响同样会呈现与耶克斯曲线相似的规律。

情绪同样存在耶克斯曲线

下面我们以沮丧这种情绪为例。

假设你正要写一篇重要的年度述职报告，它关系到你的年终绩效奖金。你刚开始坐在计算机面前时，沮丧情绪为零。

然后你启动计算机，开机速度比平常更慢了一点。计算机屏幕右下角弹出来一个很低俗的广告，你皱皱眉，把它关掉。你按快捷键，想调出资源管理器，计算机却没有反应，甚至你连按了好几下也没有反应，你叹口气，不知道上个月找公司领导说的要求升级计算机这件事什么时候能批下来。

你知道计算机慢，索性起身泡了杯茶。回来以后，资源管理器能打开了，可当你打开 Word 文档，输入法程序又失去响应了。不管按什么快捷键，全都不管用，以你的计算机水平已经解决不了这个问题了，你只好打电话叫网管。

这时候你的沮丧情绪慢慢开始有了微小的累积，但还没有到突破第一阈值的地步，也就是还没有影响你的工作能力。在耶克斯曲线里，第一段叫舒适区。对于沮丧情绪曲线来说，这一段可以叫"平稳区"，微量的沮丧没有影响你的办事能力。

网管来了以后，进行了一些你看不懂的操作。一分钟之后，网管告诉你，已经处理好了，计算机没什么大毛病，就是有一些程序上的小故障，不会影响工作。于是你又重新回到工作状态。

你开始托腮沉思：该怎么写呢？你首先想到，本年度最重要的项目就是第三季度的大活动；但一转念又想到，公司领导对这个项目不太满意，自己似乎不能把年度述职报告的重心放在这个项目上。

到了这里，你的工作出现了一些对自己不那么有利的信号，这可比开机慢要严重，你的沮丧情绪开始增加，但它恰恰激发了你的斗志：这可是年终述职啊，我必须得好好表现！适量的沮丧情绪，会让人进入唤醒状态，你的思维开始活跃起来。你开始积极搜索这一年里自己在大大小小各个项目上的工作成绩。随着沮丧情绪的增多，你进入了最佳表现区。

这时候，你又想到了第一季度的一个项目。在淡季大家都不看好大环境的情况下，自己操盘的那个项目仍然超出了公司领导的预期，这一定会给自己的绩效加分，可得好好写一写！打定了主意，处在最佳表现区的你，回忆起第一季度项目筹备期间的种种细节，你一边想一边写，连文笔仿佛都变得更好了一些。

写着写着，你突然想到，这个项目在筹备执行阶段很好，但在后期媒体宣发时出了问题。公关部人员犯了低级错误，引发了一场舆论风波，害得公司大领导出面发道歉声明，还连累你的上级领导挨了一顿骂，甚至季度奖金都被罚了。如果将重心放在这个项目上，这不是哪壶不开提哪壶吗？但如果不写这个项目，你又该写什么呢？况且这时候你已经写了两千多字，时间过去了很久，难道要废掉这一稿重新写吗？

你正在纠结时，计算机突然蓝屏死机了。你刚才写得投入，一直没有保存，甚至连文件名都没取，这回可糟了！前不久这台计算机就有过一次蓝屏死机的情况，你请网管折腾了两小时也没找回文件。正在发愁时，公司领导叫你去了他的办公室，他感觉你昨天提交的提案有失水准，毫无创意，看不出你对行业的理解。公司领导还说，感觉你这一段时间工作都不怎么在状态，马上就要年终考核了，让你多上点儿心。

就这样一件事加一件事，你的沮丧情绪越来越重，很快就越过了最佳表现区，进入了危险区。在强烈的沮丧情绪下，你也对自己产生了怀疑，工作时更加不在状态了。

在这个例子中，类似沮丧这样的情绪，就是这样随着量的慢慢累积，到最后引发了质变，最终影响着我们的做事能力和心智状态。相信大家都可以从自己的生活中找到类似的经历。

沮丧、恐惧、羞耻、愤怒、嫉妒，这些都是生活中常见的有害情绪。它们在刚刚出现时，还处于平稳区，还没有什么危害，甚至随着"剂量"加大，还会把我们带入唤醒状态，提高我们的表现。只有当它们过量，到了危险区的时候，才会变得有害。

所有的负面情绪，都不是绝对意义上的有害情绪，它们都存在着类似耶克斯曲线的变化。只有当它们在曲线中翻越第二阈值，来到危险区的时候，才真正成了有害的过量情绪。结合上一节和本节的内容，我们才真正地找到了"提升钝感力"这个问题的本质，那就是：

处理过量情绪，对这部分情绪调低刺激系数。

情绪的处理和控制，向来是一门"显学"。情绪本来就是一种难以捉摸的心理状态，加之各种信息渠道提供的调节方法互相矛盾，这更加让想要更好地处理情绪的我们无所适从。到底什么方法才是有效的呢？处理过量情绪的切入点又是什么呢？这个问题我将在下一节中回答。

03 破解情绪密码

在上一节我们提到，对情绪，不能脱离"剂量"谈"毒性"。没有绝对的有害情绪，只有不恰当的过量情绪。我们想要提升的钝感力，针对的应该是那些在耶克斯曲线中翻越了最佳表现区之后，进入危险区的过量情绪。

一说起控制（过量）情绪，很多人可能会觉得有点头大，这对大部分人来讲，实在不是件容易的事。

在 1990 年中央电视台春节联欢晚会上陈佩斯和朱时茂表演的小品《主角与配角》中，有个很有意思的片段：两人拍戏不顺，陈佩斯扮演的角色便发了一阵牢骚。朱时茂扮演的角色便给他做思想工作，说"我知道你有情绪"，而陈佩斯扮演的角色马上抢着说"我没情绪！呵呵呵，我没情绪"，说完还刻意做了一个咧嘴笑的表情。

到底有情绪还是没情绪？生活中，绝大部分人在自己产生负面情绪时，是根本不知道这一点的。等到他们知道自己有负面情绪时，负面情绪往往已经过量了，进入了危险区。当然，受过情绪觉察训练的人，会在情绪出现的早期就对自己的情绪有所觉知。但绝大多数的人都做不到这一点。

如果我们连及时觉知自己的情绪都很难做到，那么要控制它，岂不是更难？当一种负面情绪很激烈的时候，它已经很难被控制了，它就像是瓷器店里一头发狂的蛮牛，不撞坏一些东西不会罢休。

但是，如果我们能够认识到情绪的本质，就会发现，与其控制情绪，不如去找出情绪背后隐藏的主宰。毕竟，几乎所有的心理情绪都是被"捏造"出来的！

情绪是被捏造出来的

初听上去，你可能会觉得这句话有些过分。几乎所有的心理情绪都是被捏造出来的吗？听起来怎么像是自己故意要制造出愤怒、沮丧等负面情绪一样。就拿愤怒来说，遇见令人生气的事情时，你心里的火噌一下就起来了，这怎么可能是自己捏造出来的？

好，咱们就拿愤怒举例子。

一个妈妈发现孩子周末玩了两天竟然都没写作业，怒不可遏，马上大声地训斥孩子。这种愤怒难道不是自然而然的吗，难道它是被捏造出来的吗？

要回答这个问题，我们只需要做一个思想实验。

假设这位妈妈正在大发雷霆，电话突然响了，是公司直属领导打来的。领导在公司加班开高管会，需要找她确认一个数据，这位妈妈接起电话以后，会不会继续用吼孩子的语气跟公司领导说话呢？显然不会。

接下来，当这位妈妈把这通电话打完，转过脸继续训孩子的时候，刚才对领导毕恭毕敬的语气，就会立即切换成先前的大发雷霆。

这样的例子在生活中一点都不罕见。当事人固然会声称孩子不写作业的行为令自己怒不可遏，但我们会发现，他们的怒气其实可以被控制到"一点都不会影响与公司领导沟通"的程度，而且还神奇地像播放电影、音乐一样，有一个"暂停键"：暂停键一按，人们马上就进入和风细雨的状态，开始打电话；电话打完，暂停键再一按，人们继续大发雷霆，这一过程类似一个精确的断点续播过程。

再做一个思想实验，上班的路上，你在早餐店用餐时，路过的一个人冒冒失失地把咖啡洒了你一身。你这时候也会怒不可遏，对吧？但假如定睛一看，洒了你一身咖啡的恰好是自己的公司领导，你还会那么愤怒吗？或者对方是一个五大三粗、满手臂文身的彪形大汉，看上去像随时可能动武一样，你还敢那么愤怒吗？

从这一系列思想实验中，我们不难看出，即便是看上去无法控制的愤怒情绪，实际上也在不知不觉中受到了我们内在某种力量的精确控制。

上述例子中的选择偏好无不说明，世间哪有什么怒不可遏，哪怕是瞬间爆发的愤怒情绪，其实也都是我们内在的某种力量在电光火石间经过缜密计算得出的结果，这决定了我们敢对谁发火和能发多大的火。

其他的情绪也同理。我们误以为是外界的信息决定了我们的各种情绪，其实不是。决定情绪的是隐藏在背后的东西，情绪背后有着隐藏的主宰。所有的情绪都是它捏造出来的。

这个隐藏主宰是什么呢？这里你需要学习一点点阿德勒心理学的基础知识。

情绪背后的隐藏主宰：解读方式

阿德勒心理学有一句名言：决定我们自身的绝非过去的经历，而是我们赋予经历的意义。我们赋予经历的意义，就是这个隐藏的主宰。

"赋予经历的意义"，这句翻译过来的表述比较抽象。我们需要回到阿德勒著作的原文文本，来理解它的含义。这里需要补充一句，阿德勒出生于奥地利，母语是德语，但他的书面英语写作能力非常强，他有一些书和论文是用英语写作的。从英语原文文本中，我们可以更准确地理解阿德勒的原意。

在阿德勒心理学的奠基名著《自卑与超越》里，阿德勒把一个人认知、解读世界的方式用一个词来概括，那便是：interpretation。

这个词的字面意义是翻译、解释、解读。在阿德勒心理学中，它指的是我们每个人怎么解读世界、解读环境、解读他人与我们的互动，所有这些解读都可以归结为一个人对外界的 interpretation。因此，interpretation 在阿德勒心理学语境下的准确中文翻译应该是：解读方式。在阿德勒心理学中，一个人所理解的人生意义，等价于这个人对世界的解读方式。

现在再回到先前的那句话：决定我们自身的绝非过去的经历，而是我们赋予经历的意义。"赋予经历的意义"正来自我们对信息的解读方式。

当我们接收到一段外部信息时，无论最终它对我们有利还是不利，首先它都会被我们解读。

还是以本书序言中嗟来之食的例子来说明。一个穷困潦倒、快要饿死的人，遇见一个路人拿着块馒头冲他说："喂！快来吃吧！"那么穷人会怎么反应呢？

如果这个穷人，把当前信息解读为对自己人格的羞辱，那么他会萌发出屈辱、愤怒的敌对情绪，可能会觉得"饿死事小，失节事大"，宁愿饿死也不会接受这块馒头；但假如这个穷人把对方的言行解读为善意施恩，那么他将萌生感恩的情绪，接受食物，活下去。

这个穷人是"宁死不受嗟来之食",还是会感恩接受？他的情绪反应和后续行动不是被信息决定的，而是被自己赋予信息的意义，也就是解读方式决定的。因此，决定我们情绪的绝非信息，而是我们对信息的解读方式。解读方式，才是真正的情绪密码，是人类情绪和言行背后的隐藏主宰。

当然，严格来讲，情绪有生理性情绪和心理性情绪之分。就好比人走在路上摔了一跤时，会疼得掉眼泪；或者人受到某些作用于大脑中枢神经的药物刺激之后，会感觉特别满足，这些短期情绪是基于强烈的生理效用而产生的，与解读方式关系不大。

但正如本书前文所述，本书中的钝感力概念已经排除了对生理效用钝感这个小小旁支，本书所论及的情绪概念，也排除掉了日常生活中的由强烈的生理反应所激发的生理性情绪。换言之，所有的情绪，无论是短期爆发的情绪还是长期萦绕的情绪，都来自个体对它的解读方式。从这个意义上讲，几乎所有的情绪都是由我们的解读方式决定的。

解读方式的源头

读到这里，有的朋友可能会有"细思恐极"[①]之感：我们所有的

---

① 网络流行语，"仔细想想，恐怖极了"之缩略。——编者注

情绪言行都是被自己的解读方式决定的，而一切情绪言行的总和，构成了自己的人生轨迹。这岂不是说，每个人的人生冥冥中都已被自己的解读方式决定了？那么，我们还能做自己命运的主人吗？

先说结论：两个问题的回答都是"是"。每个人的人生，都是被他自己的解读方式决定的。但解读方式，是可以被我们自己支配的，因此每个人的人生走向，仍然由自己掌控。

为什么说解读方式可以被自己支配呢？一个认定了"嗟来之食"是对自己人格羞辱的人，真的有可能改变其解读方式吗？这就需要我们从解读方式的来源说起。

阿德勒认为，一个人对世界的解读方式定型于生命早期，即在其5岁左右。

5岁左右，是人对世界的解读方式"定型"的时间，而不是解读方式萌生的时间。事实上，一个新生儿来到世界上，跟父母磨合几天之后，就开始形成了对一些特定信息的解读方式。

比如我自己的孩子，在刚出生的时候，只要尿湿了就会哭，我必须给她换上干爽的纸尿裤，她才会停止哭泣；到了出生一周左右，当尿湿啼哭的时候，只要大人开始给她解开纸尿裤查看，哪怕新的纸尿裤还没换上，她也会立即停止哭泣；到了出生两周左右，在尿湿啼哭的时候，大人只要把她放到婴儿床上，哪怕还没开始解开纸尿裤查看，她也会停止啼哭。

这是因为，经过一次次的磨合，婴儿已经形成对"尿湿以后换纸尿裤"这个特定信息的解读方式：只要大人开始干预，那么尿湿以后不舒服的负面体验很快就会结束。

在其他方面也有类似的迹象：比如大人给婴儿喂奶粉，一般是遵循着"听到婴儿啼哭→确认啼哭原因是饥饿→冲调奶粉至合适温度→抱起来调整到一个舒服的喂奶姿势→在婴儿脖子下面垫上口水巾→开始喂奶"这一操作流程。最初，婴儿要到最后一步——奶瓶塞进嘴里才会停止啼哭，而磨合一段时日之后，婴儿只要看见大人拿来口水巾，就会停止啼哭——婴儿在"喂奶"这个特定场景下，也形成了自己的解读方式。

一个新生儿长大的过程，就是在无数的局部场景中经历"信息→体验"的过程。

解开纸尿裤的信息，会导向尿湿带来的不舒服即将结束的体验；铺上口水巾的信息，会导向饥饿感得到缓解的体验……一旦特定信息到特定体验的链接被重复建立，而且被婴儿认定有效，那么这个崭新的解读方式就宣告形成。这是人类生命早期的解读方式的第一个来源，也是唯一的来源。

之后，到了幼儿阶段，孩子开始能够听懂大人的指令，比如"听见汽车声音不要乱跑""要远离家里的电器插座""手脏了不要往嘴里放"……类似这样与安全相关的指令，会让孩子把一些特定信息解读为，需要警惕和远离危险。

随着年龄增长，来自外部的指令越来越复杂，从对简单动作的"要"与"不要"的要求，上升到了社会化的教育，比如要讲礼貌、有爱心、懂得分享等。

无论是具体的教养指令，还是抽象的教育引导，对孩子来说，它们都是从外部输入的解读方式。但它们会被不同程度地内化成孩子自己的解读方式的一部分，这也就是人类早期解读方式的第二个来源。

孩子的解读方式在5岁左右，能够大体覆盖日常生活的方方面面，定型为一个最初的版本。

所谓定型，意思是孩子不仅会对每种信息有着自己的解读方式，而且会在对不同信息的解读方式之间，体现出一定的同一性。用阿德勒的话来讲，就是开始形成**对世界的解释风格**。

比如在幼儿园里，我们就能看到有不同解释风格的孩子。有的孩子非常胆小，他们有一种对很多信息都会感到危险的解释风格；有的孩子有点儿霸道，老想抢别的小朋友的东西，他们有一种高度以自我为中心、忽视社会合作的解释风格；有的孩子非常活泼，甚至到了话痨的地步，他们有一种非常积极探索世界、渴盼与外界交流的解释风格……

解释风格，是对不同场景下的解读方式的"大数据"汇总。它定型之后，也会在很大程度上影响一个人应对特定类型信息的解读方式。

就好比"嗟来之食"这个故事，如果故事中穷人的解释风格是对自尊特别敏感，很容易感受到外界的敌意，那么他大概率就会把嗟来之食解读为对自己人格的羞辱。

换一个其他的场景，比如有人和上文中的这个穷人打招呼，问他最近在忙什么，他也很有可能将其解读为对自己无所事事、穷困潦倒现状的嘲讽。无论是这个穷人对嗟来之食的解读，还是对打招呼的解读，都体现出了他解释风格的同一性。

这样的解释风格，会导致他在人生中遇到大部分的此类场景时，都会采用偏负面的解读方式，然后做出一些不友善的、抗拒排斥他人的言行举止，最终呈现一种孤高自傲、很难接近的性格特征。

假如把人的精神世界比作一台计算机，解释风格就像计算机的操作系统一样重要。

我们知道，操作系统是计算机上一切应用程序运行的基础；在人的精神世界里，解释风格也是人类一切精神意识活动的基础；它会决定你在面对特定信息时，将采取什么样的解读方式。如果说情绪背后的密码是对特定信息的解读方式，那么性格背后的密码，就是一个人对世界的解释风格，它是人生的操作系统。

解读方式，自己可以改变

对一个成年人来说，对世界的解释风格早已完善成型。那么解读方式还有可能改变吗？

答案是肯定的，原因有三。

第一，解读方式本质上是一种认知。只要是认知，就有可能被改变。

就好像人际关系中的误会，当误会发生时，可能会被当事人解读为对方刻意跟自己过不去；但如果误会澄清，认知中的错误被纠正，个体的解读方式自然就会改变。

第二，解释风格与解读方式之间，并非必然关系，而是一种基于概率的或然关系。

劣质的小说和电影、戏剧，经常会犯人物角色"脸谱化"的毛病。比如，一个反面角色的性格设定是暴躁粗鲁，那么在大多数桥段，他都会大发雷霆；如果其性格设定是狡猾阴险，那么他动不动就会鹰视狼顾，露出奸诈的笑容。

但实际上，无论性格也好，还是性格背后的解释风格也好，本质上都是一个大数据概率集。如果一个人的性格是内向的，也就是那种倾向于把非必要人际交往解读为负担的解释风格，那只能说明他在大部分情况下，会选择交际更少的选项，而不是说他在所有场合都会"社恐"。

哪怕一个人的解释风格已经定型，那也不能决定他在所有场合对所有信息的解读方式。对于一段特定信息的解读方式，个体仍然有很大的灵活调整空间。

就好像在看美国职业篮球联赛（NBA）比赛时，我们已知一个球员在过去的 1000 场比赛中的罚球命中率是 85%，但我们仍然没办法准确预测，他的下一个罚球会不会投进。大数据概率和小样本结果之间的关系，正是如此。

第三，解读方式还有第三种来源。

随着一个人进入少年阶段，他的解读方式会开始出现第三个来源：自我更新。

通过主动地读书、学习，与段位更高的良师益友交流，他能接触到对同样信息的不一样的解读方式：啊，原来这件事还能这么理解！如果他觉得这种新鲜的解读方式有道理，对自己有启发，那么他就很有可能将其纳入自己的解读方式库，使其成为自己的一部分。

再或者，当一个人养成了自省的习惯，能自觉地检查审视自己的行为乃至解读方式中的纰漏时，他也会具有自我优化解读方式的能力。

像这样的过程，就是自我更新。

总之，一个人的解读方式来源有三：自然扩充、被动输入和自我更新。解读方式并不是一成不变的东西，事实上，一个人的解读方式库，每天都在发生或大或小的变化，每天都在更新版本。

有时候，你去尝鲜吃了一次泰国菜，发现不合自己的口味，你的解读方式库由此更新：泰国菜我吃不惯。这是基于生活体验的自然扩充。

有时候，领导会训斥你："文档里的字号、字体用错了！你必须遵循公司规范！"你的解读方式库由此更新：对办公文档格式不能自由发挥。这是来自外部指令的被动输入。

有时候，你读到一本好书，或者主动去搜索、研读某些资料，从而对一些事情有了新看法，解读方式库由此更新。这是受自己主动驱策的自我更新。

在解读方式的三大来源里，自然扩充与外部输入，是你自己没办法控制的；但自我更新，完全可以受你自己控制。因此，对自己的情绪和言行采取什么样的解读方式，完全可以由你做主。

到了这里，我们便能够看清，情绪背后的密码是什么，那就是解读方式。破解了情绪密码之后，我们又应该怎样对解读方式加以运用，从而修炼、提升自己的钝感力呢？这个问题，我们留到后面展开论述。

04 提升钝感力的一大工具：
BAI 模型

前文讲到，钝感力是处理过量情绪的能力，而情绪背后的密码是解读方式，情绪是解读方式的产物。所以，如果我们想要提升自己的钝感力，就需要从解读方式下手。

为此，我们需要弄清楚，解读方式是怎样影响我们的情绪的。理解了其中的机制，我们也就能够找到修炼钝感力的方法。

从解读方式到情绪

让我们回到前文提到的"妈妈发现孩子周末玩了两天，没写作业"这个例子。"发现孩子只顾着玩，没写作业"，这个信息显然是负面的，接下来妈妈就要对其进行解读。

妈妈首先会想到，自己一再对孩子强调要按时写作业，但孩子显然没听进去。接着她会想到，孩子作业没写，可能会遭到老师责罚，连带自己都可能挨老师的训斥。接着她又会想到，老师会不会觉得自家孩子不是学习的料，把孩子当成那种不爱学习的差生来对待，继而引发孩子的破罐子破摔心理，更加不爱学习呢？接着她还会想到，自己从前也不是没有试过跟孩子和颜悦色地讲道理，但孩子就是听不进去，一切行为依然照旧。

妈妈的所有这些思想活动，都是对"孩子没写作业"这一信息的解读。基于这些解读，妈妈会生成自己的解决方案：既然好好说不管用，就只有靠发脾气震慑住孩子，才有可能让他按照自己的意愿乖乖写作业。

人们在对信息进行解读后，就会生成自己的解决方案。这一步在阿德勒的理论中被叫作approach。approach是途径、路径、解决方式的意思，在阿德勒心理学的语境下，它可以被译作"解决方案"。妈妈在经过对孩子行为的短暂解读之后，选择了要发脾气震慑住孩子的解决方案。

最后，作为这种强势解决方案的外显表现，妈妈大发雷霆，把孩子吓哭了，孩子如妈妈所愿，把作业写完。妈妈的大发雷霆，这种外显的表现，在阿德勒理论体系中叫作behavior。behavior是行为举止的意思，神态、语言、行动，包括释放出来的情绪，都属于behavior。

BAI 模型

从这个例子中，我们可以提炼出所有情绪背后的生成模式。它就像是一个金字塔图形（见图0-2），分为三层：最底层是Interpretation，是我们对信息、情境的解读方式；向上一层是 Approach，即解决方案；最上面一层是 Behavior，即外在表现。情绪落在最上面的外在表现层面，它意味着你选择使用这种情绪来解决问题，其背后体现了你的 Interpretation，也就是你对这一信息或这个场景的解读方式。

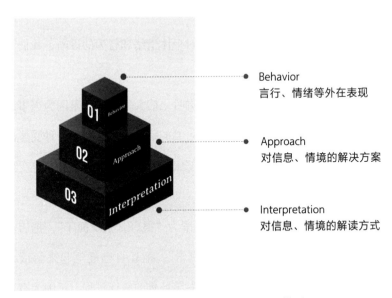

Behavior
言行、情绪等外在表现

Approach
对信息、情境的解决方案

Interpretation
对信息、情境的解读方式

图 0-2 情绪背后的生成模式——BAI 模型

在阿德勒的个体心理学派看来，一切有问题的行为，背后都有着有问题的解决方案。要解决行为上的问题，需要我们从更深层的背后找到这个人解读方式的问题所在。个体心理学派的治疗方式，核心就是要通过表层的行为，找到中间层的解决方案，直至找到问题的根源——解读方式。这个治疗理念跟现代心理学的认知行为疗法有一些相通之处，但会更加寻根治本。

这种思维诊断模式，我把它概括为"BAI 模型"诊断模式。

用 BAI 模型诊断情绪

BAI 模型可以用于几乎所有的对个体情绪和行为的诊断，我们不妨尝试一下。

某人在早餐店被店员洒了一身咖啡之后大发脾气，是因为当事人在众目睽睽之下变成了看上去滑稽可笑的落汤鸡，他有了一种受辱的感觉，他只有让自己提高声量显得怒气冲冲，才能改善这种自尊受损的局面。

当事人把落汤鸡状态的自己解读为"很窘，很没面子"，把店员的冒失行为解读为"非常恶劣的攻击"，把让自己硬气起来解读为"改善窘态的方式"，这就是这个人对该场景的解读过程。正因为有了这种版本的解读方式，当事人才会选择强势发怒的解决方案，然后才有了大发脾气的行为。

再比方说，《三国演义》中，曹操因为刺杀董卓失败，成了朝廷的通缉犯。在四处逃亡时，他逃到了父亲的老相识吕伯奢的庄园里寻求庇护。吕伯奢见到故人之子，非常高兴，他让曹操先休息，自己则出去买酒，好设宴款待曹操。于是曹操开始小憩，当他睡得迷迷糊糊时，听到庄园里有人在磨刀，还有人在嚷嚷，说着"一会儿要捆紧点儿，别让他跑了"之类的话。

对于这些信息，曹操的解读方式是：磨刀的人一会儿打算捆住自己，而吕伯奢出去买酒只是托词，其实是为了报官领赏。基于这样的解读，曹操的解决方案是先下手为强，由此导向的行为就是，他抢先出手，杀光了吕伯奢的家眷。最后曹操一看，原来吕伯奢的家眷磨刀是为了杀猪款待自己。曹操错误的解读，导向了错误的解决方案，最后导向了错误的行为，令人悔之晚矣！

人类的情绪释放过程是按照 IAB 的顺序，即从信息开始，经过人们解读，他们会找出自认为最优的解决方案，最后把它执行出来，变成外在的表现。但如果我们希望通过自我反思，改善自己的行为，就必须把次序颠倒过来，遵循 BAI 模型。

阿德勒认为，要改变一个人错误的行为，一种有效的办法是改变他的解读方式。**只有改变了底层的解读方式，才有可能改变表层的行为。**

这是因为，一旦一个人的解读方式成型，基于这个特定版本的解读方式，一定会推导得出相应的最优解决方案。就好像前面的例子里的妈妈、早餐店顾客和曹操，他们选择的解决方案，就是他们基于当前解读方式得出的"最优解"，最后的种种行为不过是忠实执行这种解决方案的外在表现而已。所以，阿德勒学派的心理治疗一定会落脚在解读方式上。

对于本书中的钝感力训练，同样如此。任何有问题的、不适宜的过量情绪，都属于有问题的外在表现，也就是"行为"这个层面。只有从其根源的解读方式着手，才有可能解决行为层面遇到的问题。

不过，与个体心理学派的心理治疗不同的是，阿德勒学派疗法所针对的解读方式，即一个人对整个世界的解释风格，需要漫长的咨询诊疗过程才能被改变。而本书所探讨的钝感力问题，只需要我们认清并纠正一些对典型场景的错误解读方式，如此就完全有可能改变我们的 I，从而改善我们的 A 和 B，实现提高钝感力、降低过量负面情绪的刺激系数这一目标。

到了这里，本书的元思考部分就告一段落。

在后面的章节中，本书将向你展现 16 类容易降低我们钝感力的典型的错误解读方式。这些典型的解读方式，是激发我们过量负面情绪的幕后黑手，只要认清了它们的真面目，用正确的思维工具优化我们对这些场景的解读方式，我们就完全有可能甄别出那些被"捏造"出来的过量负面情绪，从而提升自己的钝感力。

第二部分

16 堂钝感力训练课

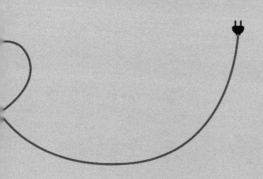

第一章

缓解人际冲突

所有问题都是人际关系的问题。

——阿德勒

在阿德勒学派看来，人的一切烦恼皆来源于人际关系。但人际关系中的烦恼，有多少属于"自寻烦恼"呢？

我们之前讲到，一切情绪都是被"捏造"出来的。人际关系中的矛盾、冲突，以及由此而衍生出来的愤怒、敌意、沮丧、痛苦等过量负面情绪，背后同样有着被人为操纵、错误放大的成分。

要想释放过量情绪、改善问题行为，我们应该做的，就是找到过量情绪和问题行为背后的错误解读方式。

接下来将为你揭示隐藏在常见的人际矛盾之下的 4 类典型的错误解读方式，并分享与之对应的 4 种思维工具，提供崭新的解读方式。

这 4 种思维工具之间有一定的共性：日常生活中，很多"人"与

"人"之间的冲突，其本质是"事"与"事"之间的矛盾。如果我们按照惯性思维把矛盾聚焦在"人"身上，问题也许不能得到解决。

因为，一旦我们把人际关系中的冲突紧张，解读为"人"与"人"之间的矛盾，认为"对方就是跟我不对付"，那么我们就很容易被激起报复心和敌对感，这种敌意又会被镜像投射给对方，从而引起冲突的螺旋式升级。

但如果我们学会了新的解读方式，把矛盾焦点从"人"转移到"事"上，就会发现很多冲突的源头，是双方对彼此动机和目标的误解。这样我们就更容易回归事情本身，也就更容易突破思维定式，找到新的解决问题的方法。

01 非敌思维：
日食并不是月亮要跟我们作对

如果你经常感知到他人的敌意，那么你就需要警惕"日食陷阱"。

日食陷阱

小学课本在讲到日食、月食这些天文现象的时候，会提到一个有趣的古代传说。

古人不明白为什么会出现日食和月食，只知道太阳不见了、月亮不见了，这当然不是好事，因为古代没有电灯，太阳和月亮就是最重要的光源。它们要是消失，除了引发人们的心理恐慌，对人们的生活也会造成极大的不便。

对于这种坏事，古人的解读方式是什么呢？他们想象有一只穷凶极恶的天狗，是天狗吃了太阳或月亮，天狗就是造成日食、月食这些现象的元凶。所以一旦出现日食或月食，古人就又是敲锣打鼓，又是点起烟花爆竹，认为这样就可以把天狗吓走，让它把吃掉的太阳或月亮吐出来。

如今，具有天文学常识的我们当然知道，天狗是无稽之谈，日食和月食都是因为天体运行轨迹变化而造成的。日食发生，是因为月亮运动到了地球和太阳之间，它在某个特定的角度上，正好挡住了一部分人所在地区的阳光。对这部分人来说，日食当然会造成一些不便。好比白天正在举行划龙舟比赛，突然出现日食，便会导致比赛人员和观众什么都看不见了，比赛人员和观众的利益就可能会受损。

但这种利益的受损背后，却没有任何敌人存在，因为日食仅仅是月亮按照它的轨迹运行到了这里造成的，并不是因为月亮刻意要跟我们人类作对。

这种现象背后其实蕴含着人类特别容易陷入的一个思维误区——"日食陷阱"。当你的利益受损时，你会以为是别人在刻意针对你、打压你。但其实并不是如此，只是别人的轨迹恰好走到了这里，这跟日食不是月亮故意跟我们作对的道理是一样的。

大家可以回顾一下，在日常生活中，有多少类似的情境。

对冲突的另一种解读

譬如，在你的公司里，每个销售人员手上都有一些客户资源，公司的管理并不十分规范或先进，没有一个明确的文件来界定各个销售人员的权责范围，大家全凭不成文的规则来划定各自权责的边界。有一天，一个新销售人员入职了，新员工勇于任事，想积极表现自己，就去拜访了一个客户。不巧的是，这个客户正好在你的客户资源范围内——因为新员工拜访了你的客户，所以你的利益受到了损害。

面对这种信息，你会进行怎样的解读呢？你可能将之解读为，这个新员工在公司里有后台，所以他故意入侵你的"地盘"，要和你叫板。如果你对此事的解读是这样的，那么你就会对这个新员工产生很强烈的敌意，并且产生焦虑、愤怒、恐慌等一系列强烈的负面情绪。带着这些情绪，你可能会气冲冲地找这个新员工对质，或者找公司领导投诉，或者独自压抑着这股怨气，很不开心地继续工作。

但如果了解了"日食陷阱"，你就可能会产生另一种解读：这个新员工也许还不认识我，也不知道公司里的销售人员对每个客户的权责划分，也许这个新员工之前也认识这个客户……总之，这个同事侵犯了我的利益，但未必是出自敌意。可能就像月亮的公转造成日食一样，他行动到了这个范围，恰好跟我的利益范围发生了冲突，仅此而已。

如果采取的是这样的解读方式，那么你注意力的落点就不会是情绪，而是客观事实。

如此一来，你的第一反应就不是闹情绪、发脾气，而是想要搞清楚，这个新员工为什么会首先选择去拜访这个客户。

经过试探与沟通，可能你会发现，这个新员工先前果然是认识这个客户的，而且入职时也没有人和她讲过，公司里哪些客户已经划给了哪些销售人员。当搞清楚了这个客户原本属于你的职责范围之后，这个新员工立即表达了歉意，你也回以友善的谅解，你们之间的敌意也就消弭于无形了。

在这个例子里，后一种处理方式，显然表现出了更强的钝感力。

在发现"一个新员工擅自联系自己的客户"这个负面信息时，后一种处理方式没有让人第一时间表现出过量的愤怒、沮丧、恐慌或者焦虑情绪，而是把这些情绪的"剂量"控制在一个适量的、让人处在最佳表现区的水平，从而让当事人进入一种唤醒状态，开始设想各种各样可能的原因，并拟定合适的对策。

这种强钝感力的源头，正是一种更加优化的解读方式。

在崭新的解读方式里，当我们发现了一段带有敌对性、冒犯性的信息，特别是在这段信息中**对方做功的对象不是自己**时，我们就应该警惕"日食陷阱"，先不把对方看作敌人，而是开放式地设想各种可能的原因，然后顺藤摸瓜找到真相。这就是非敌思维。

做功对象是自己吗

在生活里，我们所遇到的敌对性信息中，直接对我们自己做功的行为只是少数。

假如别人直接冲上来指着你劈头盖脸地骂，这是直接对你做功，但普通人一年到头也不会遇见几次这样的直接冲突。在绝大部分的敌对冲突信息中，对方的做功对象通常都不是我们本身。

就好像你的小孩周末两天都在玩，没写作业，这虽然让你很生气，但小孩子的做功对象是玩具，或是正在刷的手机，而不是你。

当你加班回家，发现另一半在玩游戏，没打扫地板，你虽然很生气，但另一半的做功对象是计算机，也不是你。

当你在路上开车，前方车辆停在人行横道前礼让行人，堵着你过不去，你虽然很生气，但前方车主的做功对象仍然不是你……

在日常生活大部分的冲突场景中，对方的做功对象恐怕都不是你。你既可以选择按照自己固有的解读方式，把信息解读为"他们就是在故意和我作对"，也可以选择学习非敌思维、警惕日食陷阱，暂时不把这些信息看作对你的故意针对，用开放式的思维去解读他们的行为。如果你采取后一种解读方式，就会显著提高自己的钝感力，因为你的注意力会转移到探索真相上，而不是只顾宣泄自己的情绪。

日食陷阱的源头

根据阿德勒心理学的观点，任何局部的错误解读方式，都可能与我们对宏观整体世界的解释风格中的错误有关。人们常常陷入的"日食陷阱"也是如此，它反映了我们对世界的认知和解释风格中的某种错误。

每个人都是从小被关怀和照料长大的。在小时候，孩子理所当然的是家庭这个星系的中心。如果是被宠溺的孩子，他们作为星系中心的时间还要更长一些。当作为整个星系中心的时候，孩子会以为其他所有家庭成员都是围着自己运转的行星或卫星，认为他们的运转轨迹，都是跟自己高度相关的，甚至都是服务于自己的。这种经历会深刻地影响孩子长大后看待世界和他人的方式，如果成年人不及时加以教育、纠正，可能会让孩子形成一种错误的解释风格。

具有这种错误的解释风格的人会认为，自己理应是世界的中心，愿意围着自己运转的他人，可以被划分到友好的那一类，他们属于自己的"资源"；而不愿意围着自己运转的人，对自己产生了阻碍的人，就被划分为敌对的那一类，他们属于自己的敌人。

但实际上，世界本身是去中心化的，而不是像太阳系那样，所有行星都围着太阳转。真实世界里的"恒星"有很多，每个个体、家庭、单位可能都是一个独立的"星系"。一个人的运行轨迹跟别人没有太大关系，只与他们自己有关系，大家只是在各自的轨道上运行。也许有时候别人转到一个点上能够让你获利；也许有时候别人转到了另一个点上，就会对你产生阻碍，出现"日食"现象。

当你的人生中出现日食现象，尤其是当对方的做功对象并不是你的时候，你首先需要使用非敌思维去诊断"日食"的原因，而不是冲着中间的"月亮"发火。

从非敌思维到钝感力

比如，你周末要出差，临走时叮嘱孩子要写完作业。但当你周日晚上出差回来，却发现孩子正在玩，周末两天没写作业。获取到这段信息以后，你的第一反应可能是生气，但转念一想，孩子的做功对象并不是你，也许他不是故意要跟你作对。这时候你就需要使用非敌思维，警惕日食陷阱。

带着这个认识，你可能就会好好去了解孩子这两天的日程安排，了解孩子做这些安排的前因后果。

你可能会发现，因为老师主动延后了作业的提交日期，所以孩子爸爸周末和孩子去了博物馆。孩子在周末虽然没写作业，但也并没有玩物丧志、荒废时间。也许孩子的时间管理并不完美，日程安排中还有很多可以商榷的地方，但你知道了，孩子并不是故意不听你的话。

通过这样的非敌思维，你降低了这一信息的刺激系数，增强了自己在这一情境下的钝感力。

再比如，你加班回到家，发现另一半在刷剧或者打游戏，家里的地板脏兮兮的，他没有拖，你的第一反应也是生气。但刹那间，你想到，另一半的做功对象不是自己，也许他不是故意要跟你作对。这时候，你也主动采用了非敌思维，想办法去了解情况。

跟另一半聊了一会儿，你发现他这一天过得很不开心。他花了很长时间准备的一项工作一点都不被领导认可，领导很不留面子地教训了他，让他心情特别郁闷。正因如此，他一整天干什么都提不起精神，完全没有注意到家里的地板脏了，更想不到他应该主动去拖地。

当了解到这些之后，你可能对另一半陷入情绪低谷的原因并不认可，对他没有打扫房间的表现也仍然怀有不满，但你已经知道，他确实不是故意要跟你作对，你的不满程度也就降低了不少。这样，你便降低了这一信息的刺激系数，增强了自己在这一情境下的钝感力。

实践非敌思维的抓手

实践非敌思维，可以从一个简单的练习开始。当你感受到敌对信息时，不妨试着做一下以下填空练习。

____谁____ 对 ___什么对象___ 做了 ___什么动作___，让你感

觉到了敌意。

第一种填法如下：

___小孩___ 对 ___作业___ 做了 ___置之不理的动作___，让

你感觉到了敌意。

___伴侣___ 对 ___家里的脏地板___ 做了 ___置之不理的

动作___，让你感觉到了敌意。

___新同事___ 对 ___客户___ 做了 ___拜访的动作___，让你

感觉到了敌意。

第一个空，填行为主体；第二个空，填做功对象；第三个空，填

具体动作。只要第二个空中填的做功对象不是自己，那么你就很有必

要用今天所讲的非敌思维好好检视一下，以免掉进日食陷阱。

这个填空练习还有第二种填法。

比如，对于小孩没写作业让你生气一事，你既可以选择这么填：

___小孩___ 对 ___作业___ 做了 ___置之不理的动作___，让

你感觉到了敌意。

也可以选择这么填：

___小孩___ 对 ___你要求他写作业的指令___ 做了 ___故意忽视的动作___，让你感觉到了敌意。

类似地：

___伴侣___ 对 ___家里的脏地板___ 做了 ___置之不理的动作___，让你感觉到了敌意。

也可能被填写成：

___伴侣___ 对 ___你从前提过的"地板脏了就要擦"这样一个要求___ 做了 ___故意忽视的动作___，让你感觉到了敌意。

这两种填法，差异是显而易见的。在前一种填法中，第二个空中填的行为对象不是你；而后一种填法中，第二个空中填的做功对象就与你有关，是你的某种要求、需求被忽视了，这样一来，非敌思维是不是就无法成立了呢？

这时候我们就需要知道，并不是非敌思维不成立，而是后一种填法有问题。

以小孩没做作业为例，我们先来看第一种填法。

_____小孩_____ 对 _____作业_____ 做了 ___置之不理的动作___，让你感觉到了敌意。

这种填法是就事论事，小孩确实没有做作业，这个命题是成立的。再来看后一种填法：

_____小孩_____ 对 ___你要求他写作业的指令___ 做了 ___故意忽视的动作___，让你感觉到了敌意。

事实真的是这样吗？有可能是，也有可能不是。

小孩既有可能是故意无视你的指令，也有可能是忘记了你的指令，并没有故意作对的成分；还有可能是，在小孩自己的解读方式里，面对这种情况的最优解并不是遵循你的指令，而是其他的选择，只是他还没有将想法与你正面沟通而已，这些情况都是有可能的。

在你没有做好侦察工作、不知道对方行为背后的真正缘由，只看到了对方的行为，却没有把握判断他背后的解决方案和解读方式的情况下，武断用后一种填法，用一种带有敌意的判断，替代了其他可能的假设，这就不是就事论事，而是主观臆断。

当我们用这个填空法来实践非敌思维时，就非常需要警惕这个空的填法，不要用主观臆断来代替就事论事。就事论事是一种不带感情色彩的思维方式；而主观臆断，是在没做调查研究、没有十足把握的情况下，就预设对方的动机立场，只看到一种可能的原因，草率地排除掉其他的可能性。

当然，关于非敌思维及填空的思维训练法，不是说只要对方的做功对象不是你，他就一定不与你为敌。

非敌思维的精髓在于，不首先假设对方有敌意。当填空的第二个空中填的做功对象不是你时，不是说你的内心必须毫无波澜，而是说你应该被激起适量的警戒情绪，来到唤醒状态，来到最佳表现区，从而将注意力切换到对事实真相和对方目的的探索上，直到发现最终答案。

也许在一番探寻之后，你发现对方的目的确实是与你敌对，这时候你就需要进行适当的反击；但在日常生活中，更普遍的情况是，你在探寻之后，发现原来你以为的敌意，不过是日食陷阱而已，你没有必要反应过度。

阿德勒心理学认为，人生在世有三大课题：工作课题、交友课题和爱的课题，每一个课题都需要社会合作意识和技能，都需要跟人打交道。只要是跟人打交道，就免不了磕磕绊绊。

无论是路人、同事还是好友、亲人，都不可能时时事事都遂你的意，人们难免会和你有矛盾冲突。哪怕大部分情况下不是对你做功，也仍然会让你感到利益受损或者遭到冒犯，也会很自然地让你以为对方有敌意，激起你的各种负面情绪。在这些时候，你就需要用好非敌思维，警惕日食陷阱。然后你就会发现，人际关系中并没有那么多的恶意与敌对，你的愤怒和焦虑，其实大多属于不必要的过量情绪。

02 深焦思维：
对焦到冲突背后的那个人

在上一节里，我们介绍了提升钝感力的第一个实用技巧：非敌思维。当你感到自己被冒犯，对方的做功对象又不是自己的时候，你就需要警惕日食陷阱，对方也许并不是真的对自己有敌意。

但还有一些时候，当我们感觉到被冒犯，而且对方的做功对象就是自己，这时候又该怎么办呢？

人类注意力的工作机制

比如，一群人在讨论事情，而你正在发表观点。突然，你被人粗暴地打断："别啰嗦了！你说的根本行不通！这个事应该这样……"

遇上这种事情，你是不是有可能会突然脑袋嗡的一下，气血上涌，当场就想跟这人翻脸？这种情绪也是能控制的吗？在这种情境下，我们的钝感力也能提高吗？

答案仍然是肯定的。即便是别人与自己发生了直接冲突，我们仍然有提高钝感力的必要，对此我们也有相应的方法，那就是深焦思维。

所谓"深焦"，指的是相机镜头的工作机制。玩过单反或者微单相机的朋友会知道，专业相机搭配的镜头，是可以选择对焦点和景深的。

比如，一个人远远地站在亭子前面摆好姿势，这时候你用这种相机和镜头拍照，就需要选择对焦点。如果对焦前面的人，他背后的亭子就会虚化；如果你对焦后面的亭子，前面的人脸就会模糊。你一次只能对焦一个位置。

人类的注意力工作机制，就像是可以调节光圈和景深的相机和镜头组合，一次只能对焦在一个点上。

科学家在琢磨实验入神的时候，可能不会留意自己把衣服穿反了；而当你突然发现锅里的菜烧糊了，你也一定不会注意此刻电视里的人正在说什么。

当面对冲突类信息的时候，我们的注意力也是这样工作的：如果将注意力对焦在自己的感受、情绪上，那么你就会忽略其他的信息。

可能别人刚一开始指责你时，你就已经脸红、烦躁，随时都要"暴走"，完全听不进去对方接下来在说什么，这是情绪刺激系数过高、钝感力不够的表现。但如果我们学会了掌控自己的注意力，把注意力对焦到冲突行为背后的那个人身上，设法去探明他行为的目的，那么我们自然就会对自己的情绪钝感，其中的道理与相机镜头的工作机制是一样的。

正如我们在本书第一部分所讲到的 BAI 模型所示，每个人的外在表现，都是在忠实执行他选定的解决方案，并反映了他对世界和当前局面的解读方式。对方对我们做出的敌对冒犯行为，其原理也是如此。冒犯我们只是他们的外在表现，我们需要把注意力的对焦点深入到他们的解读方式上面，这就是深焦思维。

日常生活中，做功对象是自己，同时又让我们感到冒犯、敌对的负面信息时有出现。在这些信息的背后，对我们做功的那个人，他的解读方式是什么呢？情况可能非常复杂。

有时候，对方对你本没有多大的恶意，但对方解读方式中的谬误导致他释放出了敌对、冒犯的信号，这种情形通过积极的正面沟通就可以化解；还有些时候，确实是对方有问题，这种情形就很难在短时间内通过沟通化解。

对于这些性质不同的情形，我们当然不能指望有一种能解决所有问题的技巧。但运用深焦思维，设法洞察冲突背后的那个人的解读方式，搞清楚在敌对冒犯性信息下面隐藏的东西，是适用于所有这些情况的"起手式"。

在敌对冒犯性信息下，隐藏的到底是什么呢？根据敌意的程度不同，我们可以将其划分成七种典型的情境，下文将按照敌意由浅到深的顺序展开介绍。

情形一：没有被满足的需求

在亲密关系中，经常出现其中一方用指责来代替表达需求的情形。

比如，在另一半过生日的那天，你因公司里突发急事加班到很晚，等到回家已经过了午夜。另一半倒是还没睡，看见你回来，他的态度非常冷淡。你无论怎么道歉也没用，你遭遇了来自另一半的冷暴力。

像这种亲密关系中的冷战，在很多家庭中都时有发生。表面上夫妻似乎没有发生肢体和言语冲突，但实际上这种信息的冒犯程度和杀伤力一点也不低，而且做功对象就是被指责的人本人。

再比如，在父母和青春期的子女之间，做父母的经常会感觉，孩子大了，脾气也大了，他们动不动就对父母很不耐烦，说话轻一句重一句的，令父母很伤脑筋。

无论是过生日被放鸽子的另一半，还是叛逆的青春期子女，他们所表达出来的敌对性信息背后，隐藏的都是他们没被满足的需求——

另一半渴望得到陪伴，处于青春期的孩子渴望被当作具有独立人格的成年人，受到平等对待。

如果这些需求长期被忽视、得不到满足，怨气积压之下，有的人可能就会选择用比较激烈的形式释放不满，让你感受到敌对和冒犯。

当我们感受到这样的敌对和冒犯性信息之后，如果我们的注意力只是对焦到对方的表层情绪，把它解读为：亲密关系中的这个人变了，跟我们感情疏远了，或者是对方不识好歹、不识大体、恩将仇报，我们就会认为矛盾的症结在"人"这个层面，从而被浓重的愤怒、沮丧、委屈等情绪包围，进而或者忍让，继续掩盖矛盾；或者反击，激发对方更大的敌意，导致矛盾升级。

但如果我们学习了深焦思维，尝试把注意力对焦到冲突信息背后的那个人身上，洞察对方的解读方式，我们就不难发现，对方的敌意和过量情绪的根源，都在于对方的解读方式。在对方看来，或者是需求长期未被满足的"罪魁祸首"在于我们，或者是他因跟我们平和地表达并不能奏效，所以必须采取激烈的表达方式，以此来发泄怨恨或引起我们的重视，从而他们在行为层面释放出了激烈的情绪。

当我们对焦到更深一层，破译了对方的解读方式之后，就不难发现，对于这样的矛盾，在表层情绪上做意气之争是于事无补的。我们必须找到问题的根源——未被满足的需求，然后通过积极的正面沟通，来找出这种需求是什么，它为什么没被满足，是这样的需求不合理，还是被我们忽视了，抑或是在我们的解读方式里，还有比对方的需求优先级更高的事情需要处理？

当注意力对焦到解读方式这一层，正面沟通就会围绕矛盾的根源展开，双方就会围绕各自的需求就事论事，"人"的矛盾也因此转移成"事"的矛盾，这不仅让我们的钝感力得到增强，也更容易使我们找到化解矛盾的方法。

情形二：反击的冲动

这种情形可谓非敌思维部分中日食陷阱的镜像复现——陷入日食陷阱的不是自己，而是对方。

比如在上一节举到的例子中，女方下班回家，看到男方正在打游戏，没有打扫地板，她非常生气，便出言指责。在上一节，我们讲到，作为女方需要学习非敌思维，认识到男朋友的做功对象并不是自己，需要警惕日食陷阱。但作为男方，如果已经遭到女朋友劈头盖脸的指责，他又该怎么办呢？

这时候他就需要运用深焦思维，对焦到敌对性信息背后的女朋友，认识到她的敌意情绪是出于"日食陷阱"这种错误的解读方式。在她的解读方式里，男方没打扫地板，就是在对她表达强烈的敌意。为了反击这种敌意，她采取了发火还击，对他加以指责的解决方案。

也就是说，在这个案例里，女朋友并不认为她的发火是对男方先发制人，相反，她会认为率先表达敌意的是男方，她的发火不是主动侵略，而是自卫、反击。

类似地，在那个新销售人员拜访客户而得罪了老销售人员的例子里，同样有可能出现这种情况。

在上一节，我们站在老销售人员的立场讲解了非敌思维，但假如，这位老销售人员不知道非敌思维，已经被愤怒冲昏了头脑，气势汹汹地要找新销售人员对质，这时，假如你是这位新销售人员，面对老销售人员的敌意，又该如何解读呢？

运用深焦思维，你同样可以发现，老销售人员的解读方式是：他并没有主动发难，而是自卫、反击。他把你原本没有敌意的动作解读成了敌意，他在错误地对着"日食"中间的"月亮"发火、攻击。

对于这种情形，当我们运用深焦思维，洞察对方解读方式中的错误之后，处理敌对信息、化解人际矛盾的思路就会非常清晰：对方以为你率先表达了敌意，但你本没有敌意；对方以为他在自卫反击，但其实只是在"伪反击"——双方之间的矛盾不过是一场误会。

情形三：对方焦虑恐惧的投射

这种情形多见于亲密关系里的课题干涉。

什么意思呢？我们经常能在网上看见这样那样的吐槽：父母干涉子女的人生课题。从孩提时期的学习、写作业开始，到大一点之后的高考、选专业、选学校、选城市，再到找工作、找对象，以及催婚、催生，干预子女的育儿决策……

像这样的课题干涉，在有的家庭里会演变成激烈的冲突，产生非常具有敌对性的负面信息。

如果你也遇到过类似这样的情况，那么就需要学习深焦思维，对焦到冲突背后的那个人：在敌对性信息背后，隐藏着对方的长期焦虑。

比如，父母催孩子写作业的行为，背后隐藏着父母的教育焦虑：他们担心如果孩子不好好写作业，就无法考出好成绩，就不能从高考升学的这条路拼杀出来，那孩子未来就不知道该怎么办了。除了考大学、找工作、当白领这条路，他们看不到人生其他的可行路径，他们在为子女的前途感到恐惧、焦虑。

父母干涉孩子选专业和就业的行为，背后同样隐藏着父母的物质焦虑。在他们的解读方式里，只有他们认定的专业和职业类型才能提供稳定的物质保障。其他的职业形态都意味着朝不保夕，都可能使人在未来某一天失业或陷入穷困。

至于其他干涉，如对婚育问题的干涉，对育儿的干涉，都是来自父母长期焦虑的投射。

更严重的是，这些恐惧焦虑非一朝一夕可解，父母对此严重缺乏钝感力，因而被长期的担忧激发出了严重过量的负面情绪，进入了危险区，导致他们原本的关爱异化成了令人厌烦的唠叨、干涉，甚至变为带有成见和敌意的吵架。

如果我们能够运用深焦思维看到这一层，我们也就对类似的敌对性信息有了新的看法，能够不再受困于情绪，而是超越表层矛盾的维度，看到对方解读方式中的错误。

至于之后，我们或者是用开诚布公的正面沟通化解对方的疑虑，或者是对此保持一种课题分离的状态，尽量杜绝课题干涉的情形再度发生，这些都是根据不同家庭的实际情况可以选用的策略。

情形四：对事不对人的假冲突

比如我在一开始提到的例子，在大家讨论事情的时候，你被同事很不客气地粗暴打断："别啰唆了！你说的根本行不通！这件事应该这样……"

像这种情况的确容易令人恼火。但如果你尝试使用深焦思维，去分析眼前的局面和对方的解读方式，也许就可以分析出以下信息。

第一，对方对你原本没有什么成见，和你并没有历史冲突，也没有看你不顺眼。

第二，大家眼前正在讨论的这件事比较紧迫、棘手，需要很快商量出解决办法。

第三，对方看来是个急性子。

第四，对方对你出言不逊以后，也没有继续攻击你。他只顾自己发言，而且大家听下来，他的意见很不错，似乎可以作为下一步的行动纲领。

分析到这里以后，我们就可以对眼前的局面做出定性：对方虽然貌似在直接对你做功，其实不然，对方做功的真正对象是这件事，不是你这个人。对方和你没什么恩怨，他既没有兴趣与你长期敌对，也没有兴趣讨好你，对方的兴趣仅仅是提高解决这件事的效率。

在对方看来，他人的发言于事无补、浪费时间。于是，对方把这个局面解读为：这件事不难，但耽误时间是不能容忍的，因此只要打断其他人低效率的发言，说清楚自己的意见，事情立刻可以得到推进。正在发言的你和他没什么交集，你的感受怎么样，对他来说并不重要，争取时间才重要。他的解读方式对解决问题很敏感，对人际关系、对你的情绪很钝感。

如果你把注意力对焦到这一层，就会发现眼前的冲突不过是一场假冲突，不是真冲突，因为对方没有与你为敌的兴趣。

除非你的钝感力过低，被人打断之后，你羞愤交加、怀恨在心，日后一门心思针对这个人，然后真的把这个人变成了你的大对头，否则你们的交集恐怕就到此为止了，根本谈不上敌对。

当学习了深焦思维之后，你将此类局面分析到这一层，思维就会很自然地跟上一节的非敌思维接轨：对方貌似在直接对你做功，其实不然，你被激起的情绪，同样属于"日食陷阱"，你根本没必要为这样的假冲突反应过度。

情形五：对方的自卑情结

还有些时候，对方释放出来的敌意信息，来源于对方的自卑情结。

比如，在金庸的小说《射雕英雄传》中，有一个"盲侠"柯镇恶，他脾气不好，特别介意别人提到自己眼盲，对此非常敏感。

假如出现这样的场景：有个江湖小人物原本不知柯镇恶的名头，没有表现出足够的尊敬，后来经人提点，才知道原来眼前的这位就是柯大侠，于是赶紧自谦以示敬重："啊！原来是柯大侠！小的真是有眼无珠……"

但柯大侠听见"有眼无珠"这样的说法会怎么想？他只会更加生气，至少会痛斥对方一顿，搞不好当场就要动手。

如果你是这位撞在柯大侠枪口上的倒霉小人物，你会怎么解读柯大侠的敌意呢？是柯大侠生性跟自己不对付，就是要跟自己对着干吗？

绝非如此。这样的敌意，仅仅是对方自卑情结的产物。

自卑情结是阿德勒心理学的一个重要概念，它跟"自卑感"这个概念经常成对出现。

自卑情结和自卑感，都与自卑有关，但程度不同，性质更不同。在阿德勒看来，自卑感是一种非常健康、积极的意识活动。当一个人希望在某个方面变好，但自己的现状却不够好时，就会自然萌发出自卑感。这种自卑感会驱使人想办法提高自己，让自己变好。

但自卑情结不同，自卑情结是既认为自己不好，又认为自己怎么努力都不可能变好，让这件事成了一个心结，这是一种不健康的心态。

自卑情结在不同的人身上有好几种变体：有的人会陷入破罐破摔的摆烂①状态，有的人会往相反的方向异化出自大狂妄的表象，有的人会对自己的缺点、缺陷变得极度敏感，成了"老虎的屁股摸不得"——上文中柯大侠的心态就属于自卑情结的最后一种变体。

如果一个人的自卑情结发展到这一步，他对很多情境的解读方式，乃至对整个世界的解释风格，都会发生畸变：原本中性甚至善意的信息，只要触到了他心中隐痛的那个心结，就会被他解读为对自己缺陷的嘲讽、攻击，进而引发他的敌意。

---

① 摆烂：网络语，指事情无法向好的方向发展，于是不再采取措施加以控制。——编者注

在这种解读方式下，他可能会变得特别愤世嫉俗、敏感易怒、富有攻击性。而且，与第二种情形类似，这样的人还不会认为自己的愤怒敌意是主动攻击。他会认为别人对他缺陷的提及是恶意攻击，他的敌意不过是捍卫自尊的一种方式。

情形六：以自我为中心的病态解释风格

还有一种直接对你做功的敌意信息，来自临时偶发的激烈冲突。

比如，在某个交通习惯非常不好的地方，司机们开车时往往情绪暴躁，"路怒"现象高发。前方的司机在道路中段的人行横道前停车礼让行人，可能就会导致后方司机路怒而疯狂鸣笛，甚至过后还会故意把前车别停，放下车窗破口大骂一通，这样方能泄愤。

这种冲突，也很容易令人产生愤怒情绪。如果被别停的前车司机的钝感力也很弱，那这场冲突就有可能会演变成当街骂战，卷进这种纠纷，无疑是非常不明智的。

这个时候，我们还是需要运用深焦思维，洞察冲突背后的那个人。以路怒的后车司机为例，这样的人，为了前车礼让行人这么一点小事，居然如此大动干戈。这样的表现和行为模式，已经不止是钝感力太弱的问题了，它已经说明对方这个人可能对世界的解释风格存在极其严重的偏差。

在对方看来，世界上的所有人都理应围着自己转，哪怕别人的回应迟滞、违逆了一点点，也是得罪了自己。不仅如此，在这种人的解释风格里，只有用原始野蛮的暴力打败别人，才能彰显一个人的力量和价值，否则就有被欺负和淘汰的危险。这种人完全看不到合作、沟通和博弈的价值，即便衣冠在身，其精神世界仍然类似原始社会的野蛮人。

阿德勒对这种解释风格存在严重缺陷的人统称为"neurotic"，字面意思是有病理性的精神问题的人，使用稍微严谨一点的说法，便是对世界持有病态的解释风格的人。这类人的解释风格已经不是正常的了，而是病态的。

洞察到这一点，我们就会发现，和这样的人对抗，是一种高风险行为。对于这种持有病态解释风格的人，我们已经不可用常理度之，因为不知道他们的下限低到哪里。无论他们此前的行为多么让人愤怒，当你洞悉到对方病态的解释风格之时，就必须明白，当前的最优解就是尽快脱战，不要继续纠缠。如果他们没有对你造成实际损失，那就尽早撤退；如果他们对你造成了损失，比如别车剐蹭了你的车，那就保留证据、走索赔程序，目的同样是尽快脱战。

也许有人会不甘心：明明是对方不对，他们辱骂我在先，难道我还要主动认输吗？在这种时候，我们就可以回顾一下历史故事，如韩信忍受胯下之辱。

韩信之所以能忍受常人所不能忍的胯下之辱，正是在于他的解读方式迥异于常人：他洞悉了对方的泼皮无赖本质，从而清醒地知道，自己的主要任务绝非和这种具有病态解释风格的个体纠缠。忍受胯下之辱绝非懦弱，尽早脱战才是上策。

情形七：由优越欲求衍生的病态解释风格

在职场中，我们偶尔会遇到所谓的"职场小人"：也许这个人与我们本来是井水不犯河水的职务关系，但在开会时，这个人却总是莫名其妙地攻击我们，哪怕这样做对他自己并没有什么好处。

我有个朋友，就不幸遇上过这么一个职场小人。

对方和我的朋友同级别，负责的事情和我的朋友有点交集。那人入职比我的朋友还晚了不少，却仗着跟老板走得更近，敢明着、暗着地屡屡欺负我的朋友。我的朋友天性善良，从小没怎么吵过架，遇上这种事情不知道该怎么办，只能事后怨自己反应太慢、嘴太笨。

这种事情已经接近职场霸凌，当然很让人烦恼，对此，我们也需要有一定钝感力。让我们还是运用深焦思维，来聚焦冲突背后的那个人。

乍看上去，欺负同事并不会给那个人带来什么好处，看上去纯粹就是损人不利己的行为。但这种行为真的不会给那个人带来任何好处吗？未必。

在本书的第一部分"提升钝感力的一大工具：BAI 模型"一节中讲到了 BAI 模型，讲到外在表现的深一层是解决方案，再深一层是解读方式，然后再深一层呢？人类行为的终极原动力是什么呢？是"S"，即阿德勒理论中的 superiority：对优越状态、感觉的欲求。

这种优越感，不仅仅是字面上"我比你强"这种产生于比较的优越感，它更代表了人类对一种恒定理想状态的追求，包括拥有很多金钱、有高枕无忧的地位、受到大家的尊敬爱戴等。superiority 这个词，在阿德勒心理学里可以翻译成"优越欲求"。它等价于马斯洛需求层级中高级需求的全部内容：人心理上的一切需求，都是优越欲求在某个侧面的表现。

优越欲求，是一个人一切行为的原动力，是人最原始的动机。

这个原始动机，加上外部信息一起，与一个人解读世界的方式发生化学反应之后，才生成了解决方案，然后执行出来，就变成了外在表现。职场小人的霸凌行为，也是如此。

这种人的霸凌行为，虽然对他们没有切实的、明显的好处，但满足了他们的优越欲求。这种人在成长的过程中，已经习惯于通过贬低、打压他人来凸显自己的价值，找到自己的优越感——这同样是一种病态的解释风格。

这种人到了一个环境里，就会习惯于依附于这个环境的核心人物，然后挑选环境中相对最好欺负的那个人，作为打压的对象。

哪怕那个人没有得罪他们，哪怕打压那个人并不能让他们获得什么好处，但对他们来说，有人可打压，就说明了自己处在"食物链"中较高的位置，证明了自己的地位和价值。

而且，他们在实行欺负打压行为之后没有得到任何惩处，也从侧面说明了，他们对环境核心人物的依附是成功的、到位的。他们敢于做一些不那么好的事情而不用承担任何后果，这同样证明了他们的地位。这种"积极正面"的心理感受，于他们而言是只能通过欺负行为才能获得的，这就是欺负行为对他们而言的好处。

当我们运用深焦思维，洞察到这一点之后，也就能对自己的愤怒、痛苦情绪钝感，并把注意力转移到思考解决该问题的方案上，比如在合适的时机展现自己的力量，不让自己成为很容易被霸凌的"软柿子"等。

分清事的矛盾和人的矛盾

上面提到的情形和案例比较多，因此需要我们做个小结：当感知到敌意时，如果是别人直接对我们做功，我们就需要用到深焦思维，将注意力对焦到冲突背后的那个人，研究他的敌对行为背后隐藏的东西是什么，他的行为逻辑是什么。

敌意信息背后隐藏了什么东西，可以细分为很多情形，常见的情形有七种。

第一，没有被满足的需求。多见于亲密关系，需要我们与对方正面沟通，甄别需求。

第二，反击的冲动。说明对方犯了"日食陷阱"的错误，错把非故意的敌对信息误解为我们的故意敌对，需要我们与之正面沟通，化解误会。

第三，对方恐惧焦虑的投射。常见于亲密关系中的课题干涉，需要我们与对方正面沟通，释放焦虑或者课题分离。

第四，对事不对人的假冲突。常见于不那么熟悉的关系，需要我们认识到这种信息本质上是"日食陷阱"的变种，应用非敌思维。

第五，对方的自卑情结。常见于对对方敏感缺陷的无意提及，需要我们注意"避雷"，澄清误会。

第六，以自我为中心的病态解释风格。常见于临时偶发、小题大做的激烈冲突，需要我们尽早脱战。

第七，由优越欲求衍生的病态解释风格。需要我们设法提高霸凌者的霸凌成本，不要让自己成为任对方打压的那个"软柿子"。

这七类典型情形，敌意程度从轻到重。前面的五种情形，虽然敌意信息的做功对象是自己，但矛盾的症结不在"人"的层面，而是在"事"的层面，它们都是假冲突，并非真冲突。如果我们受困于情绪，错误地在"人"这个层面处理矛盾，就有可能导致双方的误会加深、矛盾加重；只有学会深焦思维，将矛盾转移，才能更有效地控制冲突的烈度，妥善处理矛盾。

但我们也能看到，从第六种情形开始，对方在"人"这个层面开始出现严重的问题。后两种矛盾，都不是"事"的问题，而是对方"人"的问题。这些矛盾冲突，烈度虽然更强，但在日常生活中并不多见。只要我们掌握了深焦思维，读懂了他们的解读方式和行为逻辑，也就能够在这些场合及时止损。

当然，现实生活千变万化，本节内容也不可能穷尽所有的敌对情形。以上的七类典型情形只是起到参考作用，具体对策还是需要我们根据实际情况做判断。但人类的注意力工作机制决定了深焦思维这种思维方式：当你将注意力聚焦到自己的情绪上时，你就无法去思考问题的解决方案；当你将注意力聚焦到了背后的那个人，尝试去读懂其行为逻辑时，你就会对自己的情绪钝感，钝感力也就随之增强。

深焦思维，扎根于阿德勒学派的思想体系，与BAI模型密切相关。

阿德勒学派认为，一切问题行为都必定出自有问题的解读方式，阿德勒学派的咨询诊疗师，也会非常注重探寻来访者对具体信息的解读方式，进而想办法读懂他们对整个世界的解释风格。一旦这种思维习惯养成，深焦思维就会水到渠成。

深焦思维也是一种注重正确归因的思维方式。有因才有果，当别人直接对我们做功，表现出敌对言行时，背后也必然有其原因。在面对面的冲突中，我们很多时候自以为知道了那个"因"，其实未必。

例如，同事因为项目执行计划与你意见不合，所以对你出言不逊；后车司机因为你在车让人等候线跟前停车挡住了他，所以对你破口大骂……

表面上，我们为这些人的敌对行为找到了一个可以说得过去的原因，但这还不够，因为上面所谓的这些原因，其实不是原因，只是信息。

"决定我们的绝非过去的经历，而是我们赋予经历的意义。"这句话在他人对我们的敌对场景下，同样适用。决定对方敌对态度的，并非某个外部信息，而是他们赋予信息的意义。所谓赋予信息的意义，就是他们对信息的解读方式。**信息不是他们与我们敌对的原因，解读方式才是原因。**

深焦思维与非敌思维

非敌思维和深焦思维，二者表面上看起来很像。两种思维都要我们别太注重自己的情绪反应，而是要让自己学着像侦探一样去探究表面冲突背后的原因。但二者之间，仍然有一些差异。

首先，应对场景不一样。

非敌思维的适用场景是别人不直接对我们做功，却让我们感觉有敌意；而深焦思维的适用场景是别人的做功对象就是我们，而且他们已经明显地表现出了对我们的敌对信号。

其次，同为"侦探"，探寻的方向不一样。

非敌思维需要我们打破预设，开放性地思考当前令我们不满的现状背后有哪些可能的原因，并找到真实的那一个，它是一种深入洞察自己的解读方式；而深焦思维是需要透过信息，深入洞察对方的解读方式。

深焦思维的训练，也可以借助填空的形式来进行：

　　　　对方对我的敌意，是受到　　怎样的外部信息　　的刺激，然后对方对该信息做出了怎样的解读。

本节列举的七种情形，都可以照此句式表述：

　　　　另一半对我的敌意，是受到　　过生日时我加班没陪她　　的刺激，然后对方对此做出的解读是　　我只顾工作不关心她　　。

　　　　女朋友对我的敌意，是受到　　我在她回家前只玩游戏，没打扫地板　　的刺激，然后对此她做出的解读是　　我在故意跟她作对_____。

父母对我的敌意，是受到_____我找了一个做自由职业的男朋友_____的刺激，然后他们对此做出的解读是_____我无视父母的警告，在拿自己的未来开玩笑_____。

同事对我的敌意，是受到_____我所说的项目进度规划_____的刺激，然后他对此做出的解读是_____我说得不对，在浪费时间，他需要尽快制止，好让大家都听他的_____。

柯大侠对我的敌意，是受到_____我所说的"有眼无珠"这句话_____的刺激，然后他对此做出的解读是_____我在恶意讽刺他瞎了眼_____。

后车司机对我的敌意，是受到_____我在车让人等候线跟前停车，挡住了他_____的刺激，然后对此他做出的解读是_____我故意要挡住他、跟他作对_____。

职场小人对我朋友的敌意，是受到_____感觉她在领导面前表现得更好，而且感觉朋友性格软弱、好欺负_____的刺激，然后他对此的解读是_____欺负我朋友的成本很低，能让他获得优越感，欺负行为的性价比高_____。

这样的填空练习，会要求我们养成探寻每个人的解读方式的习惯，令我们不仅觉察自己的解读方式，也尝试理解他人的解读方式。

这种思维习惯一旦养成，其价值绝不止于提升钝感力。

一方面，解读方式是人们认知的基础、行为的源头，我们越是善于分析洞察人们的解读方式，也就越接近世界的真相，这与羊梨笔记长期以来的口号"用思考的力量，逼近生活的真相"的含义高度吻合。

另一方面，做这样的填空练习，能让我们不满足于表面上似是而非的信息层面的原因，转而去探求敌对者的解读方式。

在绝大部分情况下，我们会发现，并不是信息注定了这个人要和我们敌对，而是对方的解读方式与我们的解读方式不同：可能对方并不是一个熟练的非敌思维的应用者，他错把我们对第三方的做功误解成了对他的敌意。经过这样的分析之后，我们会发现，日常生活中常见的敌对冲突，其实绝大部分都是假冲突，假如我们能够洞察解读方式，掌握正面沟通的技巧，对双方的解读方式进行核对、澄清，假冲突也就自然消解了。

总之，如果我们善用非敌思维，会感觉世界少了很多敌人；如果我们善用深焦思维，会让很多原本以我们为敌的人打消敌意。对这两种思维进行组合运用，不仅会显著提升我们的钝感力，更会大幅提升我们的人际关系质量。

03 错配思维：
对你不认可，只是因为供需不匹配

在人际关系的矛盾起因中，比剑拔弩张的直接敌对更加常见的，是来自他人的不认可，尤其是来自关系中的上位者的不认可，比如批评。

批评引发的过量情绪

我们都有过被批评的经历。比如在学生时代，我们会因考试没考好被父母批评，或因上课讲话被老师拎出来罚站；步入职场后，我们又会因项目搞砸了被公司领导批评，因没有满足客户期待被客户投诉……

这样的批评，尤其是高频次的习惯性批评，或者是高烈度的爆发式批评，常常会激发我们过量的负面情绪，委屈、羞愧、沮丧、恐惧、愤怒……这些情绪都有可能出现。

面对批评，我们通常有两种解读方式：对方批评得对，自己确实有过失；对方批评错了，自己没问题。这两种解读，可能会让我们产生两类截然不同的负面情绪。

如果你认为自己确实有过失，可能会感觉羞愧、沮丧、恐惧，严重时可能会当即陷入"瘫痪"状态——面红耳赤，手足无措，不知道该怎么回应，只能笨拙地僵在那里。事后，你明明知道反复咀嚼痛苦没什么用处，知道自己应该尽快放下情绪，但就是做不到，还是会被这些负面情绪困住很长时间。

如果你认为自己没有问题，是对方批评错了，那你可能会认为对方在刻意针对自己，并从中感受到强烈的敌意，从而被激发出强烈的愤怒情绪，把当前的矛盾解读为你们两个人之间很难调和的冲突。

更可怕的是两种情况同时发作：你不确定对方的批评对不对，也不确定自己做的事到底有没有问题。你有时候感觉自己没问题，是对方在故意针对自己，愤愤不平；有时候又有些心虚，怀疑自己可能确实没做好，惴惴不安。

这样一来，你的情绪呈现的就是一种打翻了五味瓶的状态：各种负面情绪交替涌来。你有时恼怒于对方，有时怀疑自己，感到非常纠结、难受。

从被批评到自我怀疑

我有一位朋友就曾经深深陷入过这种纠结的状态。用他的话来讲就是，他有一位永远无法取悦的老板。

交上去的方案，他自己认为已经写得很好了，心里暗暗期待着老板的赞扬，但没想到老板怒气冲冲地来到他面前，当着身边同事的面，指责他用错了品牌色。

老板是出了名的"细节狂魔"，朋友是清楚的，所以方案交上去之前，他检查了很多遍，其实色号是没错的，只是因为每页 PPT 的底色不同，所以页和页之间看起来不太一样。

但在那个时刻，他只是僵在那里，没办法开口为自己申辩。因为他已经被过量的负面情绪淹没：有沮丧、委屈、羞愧，还有愤怒。他认为老板对他不公平——别的同事做的方案有错别字，老板只是和颜悦色地提醒一下，可自己明明没错，却要被这么劈头盖脸地骂一顿。

类似的事情多了，他渐渐感觉老板是真的不喜欢自己，甚至怀疑老板是不是想要开除自己。这种感觉是他绝对无法忍受的，因为他在过去的公司里一直都是得力干将，是中流砥柱，怎么在这里竟然变成"职场差生"了呢！

于是，他就愈发想要获得老板的肯定，对于老板的负面反馈越来越敏感——只要老板一皱眉、一沉默，他就开始心乱如麻，担心自己是不是哪里又出错了。越在意，他的表现就越是拙劣，大失自己的真实水准，来自老板的负面反馈也就越来越多。

再后来，一想到要跟老板沟通，他提前一天就会开始感到特别紧张、抗拒。就这样，他渐渐丧失了自信，变得畏畏缩缩，甚至忘记了自己曾经是多么自信的一个人。

对批评的另一种解读

本章的序言部分提到过，日常生活中很多"人"与"人"之间的冲突，其本质是"事"与"事"之间的矛盾，要学会把矛盾焦点从"人"转移到"事"。

本节将要分析的错配思维，正是这样一种崭新的解读方式：别人批评你，不认可你，不能解读为你这个"人"不好，也不要立刻就将批评解读为对方对你这个"人"的攻击，而是应该首先将其解读为双方在"事"的层面上，存在着供需不匹配的矛盾。

我们在营销中经常会讲到供应和需求的匹配，即使你的产品再好，如果不符合用户需要，也会滞销。反之，如果能够恰好匹配市场需求，哪怕你的产品有短板，问题也不大。

就像一些小摊贩卖的酸苹果一样，在有些人看来，这种苹果太酸了很难吃，但是对于很多孕妇来说，这种酸酸的味道恰到好处。

人在社会上做事，也要讲究供应和需求的匹配。你的优势、你的劳动、你的成果，是你的供应；而客户的需要、老板的偏好，是他们的需求。你这个人再优秀，做出来的东西再好，只要与需求端不匹配，只要和对方心里原先预设的标准答案不一致，就会让对方不满，你也就很可能会得到负面的评价，甚至彻底的批评和否定。

换句话说，来自他人的批评和不认可，也许缺乏客观的度量。

批评者可能自己就错了

很多时候，批评者之所以批评别人，其实是因为批评者自己的解读方式出了错。

比如，你考试没考好被父母批评，是因为父母认为，孩子只有考得好才有前途，并且认为批评你，可以激励你更用功学习。这样的批评，就是父母的解读方式出现了错误，并且是有两处错误。

第一个错误是，他们误以为孩子只有考得好才有前途。但考试仅仅是通往罗马的道路之一。有人口才好，有人擅长表演，但他们的优势并不在考试上。如果这样的话，这些人换一条路走，也许有更好的前途。

第二个错误是，他们认为批评可以激励孩子更用功学习。但实际上，一味批评可能让孩子丧失自信心和学习热情。

像这样的批评就是"错配"，一个不太擅长考试的小孩，遇上了一对只能看到"考得好"这一条出路的父母。这只能说明孩子作为供应端呈现出来的考试成绩，与父母对孩子考试成绩好的需求不匹配，并不能说明这个孩子没有前途。

再比如，前面讲到的我那位朋友和他的老板，也是典型的需求错配。老板之所以不认可他，并不是因为他的工作真的做得多么差。实际上，自入职以来，他负责的板块的业绩翻了两番，而且他还为公司开拓了不少新客户资源。那么，为什么老板依然对他的工作这么不认可呢？

因为老板对这个岗位的需求是谈大客户，比如为公司周年庆活动招到一个200万元的冠名商，而不是谈20个10万元预算的小客户。所以，即便他靠谈小客户完成了200万元的绩效指标，但只要不是通过活动招商进来的，他在老板心目中，就相当于没完成好任务。只要一天谈不到大客户，老板就不会给他升职加薪，甚至总想招个更会谈大客户的新人来取代他。

这样的需求不匹配产生的不认可，同样是因为这个老板对商业世界的解读出现了严重错误。

这个老板不是销售人员出身，只是看到过别的公司拿了大单，他不懂得拿下这种大单需要公司有极亲近的客户关系和极强的品牌力加持，也不知道市场环境早就跟他认知中的不一样了。在如今的市场环境下，品牌不再只追求宣传声量，而是已经转向品效合一。无论是从品牌角度还是从市场角度，客观上看，该公司现阶段都不具备拿下大单的条件。老板还简单地认为，招不来大客户就是因为销售人员的能力不够强，产生了严重的偏见。

果不其然，在我的这位朋友辞职后，这家公司招了很久人，也还是没有合适的人选，最后依然沿用了我的朋友之前的客户资源和合作模式。

像这两个例子，就是批评者自己的解读方式出了错，他们就像自己在拿着一份错误的标准答案给别人判卷。被这样的人评价为不好，不是因为我们自己真的不好。当我们具备了这样的错配思维，看到这种批评背后的错误之后，自然就会减少很多沮丧、羞愧的情绪，从而提升钝感力。

批评者和你可能都是对的

还有些时候，批评者和你可能都是对的。但是，对方错把自己的那一份正确答案，当作唯一的标准答案，当发现你的答案跟他不一致时，对方就会主观认定是你错了。

比如，在一些公司里，领导很看不惯销售人员在办公室里靠电话和聊天软件远程联络客户，一定要销售人员外出拜访，认为只有这样才能提升业绩。如果你是一位喜欢用远程沟通方式联络客户的销售人员，可能就不会受这种领导喜欢。

这种情况下谁是对的呢？双方可能都是对的。

对于有些人来说，他们更善于从外出拜访中找到机会，那么多外出拜访确实有助于他们提升业绩；而对于有些人来说，与其把时间浪费在路上，不如先通过远程沟通"广撒网"，筛选出重点客户，再当面拜访。这两种工作方式都很有可能提升业绩，不能笼统地说谁对谁错。

如果你是更习惯后一种工作方式的销售人员，那么当面对公司领导的批评时，你就需要具备这样一种认识：公司领导不认可你，并不代表你的工作方式不对，而是因为他错误地认为这件事只有一种正确的解法。

在这个案例中，公司领导把现实世界当作小学数学题，有明确的、唯一的正解和解法，但生活中的事情没有标准答案，解决问题的方式也不是唯一的。

任何人都不能因为别人的答案跟自己不一样，就说别人一定是错了。你坐飞机，我乘高铁，还有人开车，虽然每个人选择的交通工具不同，但是我们都能到达目的地。

需求方对供给方的一些批评指责，仅仅说明了供应与需求不匹配而已，并不是供给方真的不好。即便需求方是一个经验丰富、已经有所成就的上位者，其解法也并不总是唯一的"正解"。这种意识同样属于错配思维。

消除内生的挫败感，同样需要错配思维

除了这两种来自别人的错误批评属于错配，在我们做事不顺、屡屡受挫时，虽然没有别人来批评我们，但我们同样会备受打击，心情郁闷，进而自我否定、自我怀疑。这个时候，我们同样需要警惕：到底是自己这个人真的不好，还是自己的优势跟当前的环境不匹配？

以我本人来说，我在职业生涯的早期，曾经做过一段时间的乙方客户总监，为客户服务。有的老客户对我非常认可，在招标时，他们明确表示，我在哪家乙方公司，就把合同给哪家公司。但我跳槽之后，接手过一位新客户，这位客户跟我就有点"八字不合"，合作起来特别难受，双方都一肚子怨言。

我本来以为是自己的工作能力出了问题，但后来我发现，并不是我跳槽之后水平下降了，而是我的优势跟这个客户的需求不匹配而已。

我那时候的优势是作为外脑智库，为客户提供优质的商业策略和高效的落地执行方案。从前的客户需要的正是这种"诸葛亮"式的外部智囊型服务，所以对我非常认可。但后一个客户是韩国某世界500

强企业的中国区执行部门，他们的策略都由韩国总部制定，不需要外部智囊替他们出谋划策。而且，韩国的企业十分注重文档细节和各种礼仪规制。这类客户需要的完全不是出谋划策的"诸葛亮"，而是对细节服侍得无微不至的"李莲英"。

处理烦琐细节的工作并不是我的优势，所以在这个客户面前，我就始终找不到自我效能和自我实现的感觉，因此，我当年也郁郁不得志了很长一段时间。但现在，我运用错配思维一望便知，这不是我的错，也不是这个客户的错。双方只是"货不对板"，我的供应与客户的需求不匹配：我需要换个环境，那个客户需要换个对接的客户总监，仅此而已。

像以上种种因为供需错配而产生的批评和不认可，作为当事人，就特别需要用错配思维矫正自己的解读方式：不是因为你不好，所以别人不认可你，只是因为你们之间的供需不匹配而已。

就好像凤雏庞统，与卧龙诸葛亮齐名，有安邦济世之才，但他如果被放在不合适的位置上，也会是一个不合格的员工。

据载，庞统投靠刘备以后，被任命为耒阳县令，因没能用心治理县务，不久就被免官。后来鲁肃写信给刘备，说庞统有大才，小县令这种位置不适合他，应该把他放到更重要的位置上，才能人尽其用。再加上诸葛亮也向刘备力荐庞统，刘备这才重用了庞统，给他安排了更适合他的工作。

因为错配而产生的不认可有时与人的个人品质和能力没有关系，就算一个人的能力再强，他同样有因供需不匹配而不被认可的可能。

只要有了这样的认识，在面对来自他人，尤其是已经有所成就的上位者的批评时，我们就能将注意力从"自己是不是不行"的自我内耗，转移到对"对方的需求是什么""他对问题的解读方式是否正确""如果不正确，我该怎么选择沟通策略""我是不是不适合这里，应该换个环境"的思考上。

一旦开始这样的思考，在被批评的当下，我们能做的就不会是只僵在原地，而是可以选择更多回应的方式，并开始具备应对批评的钝感力。

实践错配思维的抓手

错配思维的训练，同样可以从以下的填空练习着手。

_____对我不满意，是因为对方_____的需求，与我_____的特质不匹配。

比如说：

你是一个销售人员，老板希望你每天都主动陌拜（陌生客户线索拜访），开拓更多客户线索。但你不是自来熟的性格，不喜欢也不擅长陌拜，达不到老板的要求，因此一直不被老板欣赏。对此，你可以把情况转化成如下表达。

　　老板对我不满意，是因为他希望通过陌拜开拓客户线索的需求，与我擅长深度攻坚谈判的特质不匹配。

又比如说：

你遇见一个心仪的女生，想要追求她，但是人家喜欢的不是你这种类型的男生。你邀约了几次都被她拒绝了，你感觉很难过，从自己身上挑出了一堆毛病：不帅、不高、不够有钱等。这时候，你可以把情况转化成如下表达。

　　这个女生对我不满意，是因为对方想找阳光动感型男生的需求，与我文质彬彬书卷气的特质不匹配。

通过这个表达式，我们可以有意识地训练自己去思考对方的需求是什么，自己的供给又是什么，二者之间到底是哪里不匹配；是对方的解读方式出了错，还是双方的供需对不上。经过这样的分析，我们就可以从自怨自艾的情绪旋涡中跳脱出来，去为当前的困境找到新的突破。

有关错配思维的训练可能并不复杂，但若想让这种思维真正被自己内化，成为一种自然而然的习惯，尤为不易。

在阿德勒学派看来，人们都是在纵向关系，也就是有权力等级差异的关系中长大的。当处于上下、尊卑、优劣等高低层级分明的纵向关系里时，儿时的我们作为其中层级较低的一方，习惯于服从和被评判。

在婴幼儿和儿童阶段，听从父母和老师的教诲是有必要的。但进入社会以后，我们依然会习惯性地特别看重纵向关系中的上位者对我们的评价，也特别关注自己的表现有没有满足他们的期待。一旦发现自己不能满足其期待，不能在上位者的评价标准中得到较高的评价，我们就会产生自我怀疑。

要想真正将错配思维化为己用，就需要我们从根源上升级自己的解释风格，建立稳固的自我内核，在外部评价标准之外，独立形成自主的自我评价机制。就仿佛在外部的"裁判"之外，又在脑海里为自己设立了内部的"裁判"，从而做到对自己的强弱项和优缺点心中有数。

只有内外部裁判共同"上岗"，我们才能在外部裁判给出负面评价时，抵御负面信息对自己情绪的冲击，这是提升我们在面对上位者批评时的钝感力的治本之法。

04 平级思维：
扒掉社会角色这件“戏服”

在前文中我们讲到，当我们面对上位者的批评或不认可时，如果很容易感到挫败、沮丧，就需要掌握错配思维，以此来提升自己的钝感力。下面我们继续来聊聊与上位者相处时的钝感力问题。

“向上”社交的紧张感

人们在与上位者打交道的时候，情绪的刺激系数往往会不自觉地升高。上文提到的契诃夫的小说《小公务员之死》中的主人公，就是一个非常典型的在面对大人物时，情绪刺激系数过高的例子。

虽说小说中的形象是经过戏剧化处理的，但小说角色身上的这种心态，仍然广泛地存在于现实世界。对我们普通人来说，遇见大人物时，我们也会程度不等地出现情绪刺激系数升高的现象。

我们可以做一个思想实验：同样是因为一件事没做好，被别人批评，被公司领导批评、被平级同事批评，和被门口的保安批评，带给我们的情绪波动幅度显然是大不一样的。

面对来自上位者的负面反馈，我们容易把它想象得过于严重，担心它会对自己造成长期糟糕后果，会更加焦虑和患得患失，让这些负面情绪更加影响自己的状态和后续发挥。

哪怕不涉及负面反馈，仅仅是跟大人物打交道，都可能让很多人感到紧张、表现失常、说话不利索，甚至连手都不知道往哪里放。一个跟好友相处时能轻松自如、谈笑风生的人，到了领导面前，就会瞬间化身"社恐"，这种情形实在太常见了。

即使努力克服了心中的紧张感，人们仍然会时常陷入迷茫：面对大人物，我该说些什么？我该做些什么？当人们不知道此时此刻该怎么表现时，就很容易遵循这样一种范式：我在上级面前表现得尽可能谦卑、毕恭毕敬，能顺着上级就千万不要逆着，这样总没错吧？

谦卑是"向上"社交的误区

很遗憾，这种范式还是错误的。我们在"向上"社交时，越是处于下位，越不要表现得过于谦卑。须知，谦卑是大人物的美德，却是小人物的毒药。

为什么这么说呢？因为人类太喜欢"贴标签"了。

我们的大脑每天要接收海量的信息，要想高效地处理这些信息，就只能先采用"贴标签"的方式。陌生人见面时，互相看看衣着谈吐、面部表情和肢体动作，彼此心里就给对方贴上了不同的标签：

"这个人气场强大，看来是个厉害角色"；

"这个人看起来是个基层服务人员"。

对于声名远扬的大人物来讲，人们只要听见他们的名字，就知道他们非同小可，不需要再靠言行举止来贴标签。如果他们表现得谦卑，反而会给人一种预期反差：这么厉害的人却一点都不摆谱！如此一来，人们对他们的印象就更好了。但是，对于名不见经传的小人物呢？

如果小人物总是扮演"低姿态的服务者"，很容易就会被贴上"跑腿的"这样的标签，错失很多机会。

美剧《广告狂人》里就有这么一个故事。

初入广告业的佩吉，在领导出轨遇上麻烦以后，被叫来救场。她全程表现得毕恭毕敬，鞍前马后地替领导和领导的情人跑腿服务，毫无怨言。

末了，领导的情人有感于佩吉的单纯善良，便以过来人的身份，向佩吉传授了几句真经，大意是：你要想升职，就不能老是表现出这种服务别人的低姿态，而是要"be equal"。这句英语很难翻译到位，比较接近的意思是：学会平视别人，即便是对你的领导，也要用平等的姿态相处。

是呀，如果你自己表现得就像一个跑腿的，那么难怪别人会给你贴上这个标签，并按照这个标签来对待你。而且，如果你把自己定位成一个"低姿态的服务者"，那么你的注意力焦点就总是会落在一些礼仪细节上，但其实这些细节有时是无关紧要的。

比如，有的会议在会前准备时，礼仪小姐们会花很大的心思把参会嘉宾桌上的茶杯摆放整齐。一排礼仪小姐，会在一位小组长的指挥下拉起一根细绳，来确保所有茶杯的位置、朝向如同复制粘贴出来的一样。她们的工作非常细致专业，但这种细节，对于参会的嘉宾来说，也许没用。

也就是说，作为一个低姿态的服务者，很可悲也很可惜的一点就是，自己花费大量心思做的工作，对于上位者的实际作用却微乎其微。就算自己对大人物再毕恭毕敬，也不会因此得到大人物的青睐，因为大人物的注意力焦点永远在对他自己重要的事情上。

位高权重的人，每天的社交流量远超普通人，因为有很多人希望跟他们建立联系。在这样的情况下，最差的策略就是让上位者给你贴上一个"跑腿的"的标签——它意味着上位者基本不会考虑把对他来说很重要的事情交给你处理，正如皇帝不会找一个为他倒洗脚水的普通宫女来商议军国大事一样。

所以，"低姿态的服务者"是一个非常糟糕的标签，它会让一个人在职业生涯中多走很多弯路，浪费很多时间。

面对大人物，太紧张不好，太谦卑也不好，那普通人到底该怎么做呢？正解其实在前文里已经提到，那就是佩吉领导的情人向佩吉传授的"be equal"，平视别人，包括大人物。

如何看待"大人物"

人们看待大人物，经常带有一种滤镜，觉得他们的能力水平比普通人更高。但实际上，社会心理学的大量实验证明，人们对于掌握社会权力的人的知识和智力水平，有明显高估的倾向。这是因为，大人物一般都是一段纵向关系里的上位者，他们掌握着谈话的方向，具有"发球优势"，这种优势常常被人们低估。

1977年，斯坦福大学的心理学学者罗斯、阿玛比尔和斯坦梅茨一起进行了一项社会心理学实验。研究者随机指定了一些学生扮演考官，一些学生扮演考生，让"考官"与"考生"之间进行你问我答的游戏，问题由扮演考官的学生自拟，其余学生则作为"旁观组"旁观"考官组"与"考生组"问答的过程。研究者要求"考官"们，尽量设置一些能够证明自己知识面很丰富的问题，于是"考官"们问出来的问题就显得非常冷门刁钻："班布里奇岛在哪里？""苏格兰女王玛丽是怎么死的？""欧洲和非洲哪个大陆的海岸线总长度更长？"……

可想而知，对于这些冷门问题，大部分的"考生"是答不上来的。在这个实验里，所有人都知道，这样的问答游戏并不公平，出题的人具有巨大的发球优势。但即便这样，问答游戏之后的实验结果仍然令人深思。

实验最后，研究者要求"考生组"和"旁观组"分别就实验中考官和考生的知识水平进行打分。结果，"考生组"和"旁观组"的学生普遍认为，考官的水平要明显高出许多。即使受试者都知道这些"考官"和"考生"在这个实验开始之前都是普通的大学生，哪怕人们明知这个问答游戏一点都不公平，说明不了任何问题，但问答现场的观感，仍然让参与者觉得"考官"们的知识水平更高！

在现实生活中，纵向关系中的上位者，总是话题的发起方、掌控方。大人物可以天南海北想到什么说什么，好像无论说到什么话题，都在他们所熟悉的、擅长的领域。这种在话题上的发球优势与他们的身份、地位叠加起来，就很容易让普通人对他们产生高高在上、遥不可及的仰视感。

但实际上，虽然大人物在他们熟悉和擅长的领域具有优势，但在陌生的领域，他们同样是新手和初学者，与普通人没有本质区别。他们也会有想不明白的问题，也会犯低级错误，也有可能凭感觉和冲动做出草率的决策。这些普通人会犯的错误，他们同样会犯，只是犯错的概率也许会比普通人低一点。

一旦对大人物祛魅，平级思维就产生了：所谓的"大人物"，不过是穿了一件社会角色的"戏服"的普通人。如果扒掉这件"戏服"，大家其实都差不多。

有句老话讲，人生如戏。

天下之人，就本身的生物学属性来说，差异是有，但并没有那么大。人与人之间之所以有地位差异，有大人物和小角色的差异，不是因为每个人本身的资质有多大差异，而是因为每个人都穿上了不同的社会角色的"戏服"。

在公司里，有人恰好在此时此刻扮演着领导的角色，穿的是一套叫"部门总监"的"戏服"。有人则扮演着小员工的角色，穿着"客户代表""项目助理"等"戏服"。大家如果在"同一家公司"这个戏台上"同台演出"，呈现的就是高低有别的等级关系。如果离开了这家公司，脱离了这个"戏台"，也就无所谓谁是大人物、谁是小人物了。

尊卑关系的本质是角色扮演

我在职业生涯早期的时候，就经历过这样戏剧性的变化。

我早年曾在一家乙方公司任基层职位，始终郁郁不得志，和基层领导也不大合得来，基层领导对我自然不会有什么好评价。后来因为一个偶然的机会，我跳槽到了原公司项目组对接的甲方，我的角色瞬间就从一个公司内部的小职员转变成了甲方的对接人。对于我原先的基层领导来说，我的角色就从下属变成了客户。

虽说我那时候在甲方也是基层职位，但从乙方到甲方，哪怕我只是简单地换了一件社会角色的"戏服"，原公司原项目组的人对我的态度也发生了极大的转变，从原来的不甚认可，变得有些刻意逢迎。

我换工作前后不过一个月的时间，同一批人对我的态度却截然相反。难道是因为我的个人素质在这一个月之间发生了翻天覆地的变化吗？显然不是的。我本人并没有什么变化，变的是"戏服"，也就是说，我扮演的社会角色变了。

在社会上，尤其是在职场中，所谓的上下关系、尊卑有别，本质上都是一种角色扮演游戏的规则而已。

在现代职场中，公司里的大老板和中层领导之间、中层领导和下属之间，本质上都是合作关系，并不存在"离了你我就活不下去"这样的人身依附关系。表面上看，职位和资历间似乎是纵向关系，其实谁都有中断合作、寻找其他合作对象的权利，其本质是平等的横向关系。

理解了这一本质，就有助于我们优化自己对"向上"社交这个情境的解读方式。

回归横向关系视角

在阿德勒学派看来，每个人的人格都是独立而平等的，世界上的人际关系应当是互相平等尊重的横向关系。

一个上位者对我们的态度和反馈，从本质上说，跟一个路人对我们的态度和反馈间，没有那么大的区别。如果一个路人对我们指手画脚，不大会困扰、伤害我们，那么来自上位者的负面反馈，也理应如此。

这种思维并不是一种精神胜利法。

设想一下，假如电影《我是传奇》或者游戏《辐射4》中的世界变成了现实，在一片末世废土之中，原先的经济关系、社会地位关系全被打散。如果你在那样的世界里遇见了现在令自己紧张不安的大人物，你还会当他是大人物吗？只要你学会在意识中脱掉社会角色的"戏服"，你眼中的众生自然就会平等，这就是我希望分享给你的平级思维。

掌握平级思维，不是说我们就要拒绝承认社会角色有地位高下之别这个现实，也不说我们要在上位者面前率性而为，刻意挥洒被讨厌的勇气，故意去找钉子碰。毕竟，建立基于横向关系的社会是阿德勒学派的理想，但不是这个社会的现实。每个人的前途、饭碗，还是会在很大程度上受到那些上位者的影响，我们不可能完全无视这些人的态度和反馈。

平级思维，只是帮助我们在与上位者打交道时提升自己情绪钝感力的工具。它能帮助我们释放过量的情绪，降低压力水平，脱离危险区，回到最佳表现区。

平级思维，是我们"向上"社交的起手式。当我们面对大人物，感觉特别不自在，无法发挥出自己的真实水平的时候，运用平级思维，就能帮我们在意识中先脱下彼此社会角色的"戏服"，对眼前的大人物祛魅，想象自己不过是在和一个平等的人打交道，从而稳住阵脚，不会乱了方寸。

在这之后呢？

对"戏服"要收放自如

厉害的人物，不仅善于在自己将乱方寸时脱掉这件"戏服"，还善于在平心静气后穿回这件"戏服"，扮演好自己的角色。

在高阳先生的长篇历史小说《胡雪岩》中，就有这么一个精彩的案例。

在清朝，有一个花钱捐官的潦倒候补官员，名叫王有龄。他不远千里跑到京城走关系，想再花点钱把自己候补官员的位子转正，却在路上巧遇了自己的发小何桂清。

　　按说他乡遇故知是好事，可这事对王有龄来说就有点尴尬。尴尬在哪儿？在于和童年时相比，二人的身份地位如今正好颠倒了过来。

　　王有龄是官宦子弟，父亲是一名地方官。王家有个门房，算是家里的下人，叫老何。何桂清是老何的儿子，跟王有龄年龄相仿，人长得清秀又聪明，很受王有龄父亲的喜爱。所以，王有龄父亲就安排何桂清跟王有龄在一起读书。二人既是同学又是玩伴，但不管怎么说，王有龄那时候是少爷，何桂清属于下人，他的身份类似书童。

　　他们长大以后，王有龄父亲死得早，王家家道中落。虽然父亲替王有龄捐过官，但王有龄一直没有转正，也没有收入，他渐渐花光了家产，变得穷困潦倒。而何桂清年少时就很有才气，早早通过科举改变了命运，年纪轻轻就考中进士，点了翰林，一路官运亨通。当与王有龄重逢时，何桂清已经做到了二品大官，还兼有钦差大臣的身份。跟童年时相比，二人身份已经有了云泥之别。

　　故事到了这里，王有龄和何桂清即将迎来成年后的第一次重逢。这这种场合应怎么处理，就相当考验为人处世的功力了。普通人在这时候难免会感到忸怩、尴尬，王有龄也是这样。为了这次重逢，他激动得好几天睡不好觉，也是觉得很难拿捏好与何桂清相处的分寸。

　　论情，二人从小玩得好，是不是该以好友的姿态相处？论理，二人的地位从来没平等过，以前是自己更尊贵，现在自己却混得这么差。如今人家是大人物，比自己不知道高到哪里去了，况且要是想找关系把候补官位转正，这何桂清没准就是一个贵人。王有龄是应该维护自尊呢，还是应该表现得低声下气呢？这些杂念确实让他很焦虑，不知道该怎么办才好。

想到最后，王有龄悟透了角色扮演这个本质。

根据朝廷仪制，自己见何桂清得穿公服，也就是一套低品级的官服。这身官服就好比"戏服"，穿着这身行头，就说明自己扮演的就是一个下官的角色，那他就要以这个角色的姿态，唱好这出戏。

王有龄心中存着唱戏的念头，便没有什么为难和忸怩的感觉了。他做此官行此礼，大大方方地喊出一声"何大人"，该请安请安，该作揖作揖，表现得非常老练，这令何桂清放下了心中原有的戒备。二人毫无心理包袱地叙了旧情，顺利地完成了这次重逢，王有龄也圆满解决了自己的前程问题。

为什么何桂清心中原本会有戒备呢？因为这对他来说同样是一个高难度场景，不是轻易能处理好的。司马迁《史记》中就记载了一个反例。

在《史记·陈涉世家》中，陈胜起义暂时胜利之后称了王，气派很足。此时就有旧时一起耕田的小伙伴去找陈胜，但他们还当陈胜是自己从前的老熟人，在宫中越来越放肆地进进出出，还老说起陈胜未发迹时的旧事。最后陈胜很不满，就把他们都杀了。

这就是能脱掉社会角色的"戏服"却穿不回来的例子，如果我们让自己的钝感力过了界，不仅是对情绪钝感，连带对人际关系也钝感，就会给自己平添很多麻烦。

总结一下，如果我们发现自己在面对大人物时的情绪刺激系数过高，就需要运用平级思维，脱掉社会角色这件"戏服"，不要被对方的身份唬住。在此之后，更难能可贵的是，像故事里的王有龄那样，再把社会角色的"戏服"穿回来，尊重当前的角色分配，把眼前的这出戏唱好。

平级思维的高阶应用

在现实生活中，尤其是在上级的批评和不认可的情境下，这一节中的平级思维和上一节中的错配思维，往往可以搭配使用。

先运用平级思维，设想一下：假如有一天大家都失了业，再在街上遇见时，会是怎样的局面？这种假想可以缓和对方的社会地位对我们造成的额外压力。然后，运用上一节错配思维部分的填空法，来探寻对方的需求和自己的特质之间是否匹配。这样就会显著提升自己在这种场合下的钝感力，把注意力对焦在怎么解决供需错配的问题上。

平级思维和错配思维，也是互相促进的关系。你越是能熟练使用错配思维，就越能看到上位者思维地图和解读方式中的纰漏，也就越容易对他们的地位祛魅；反过来，你越能熟练地运用平级思维面对批评指责场景，也就越能免疫上位者气场的干扰压迫，让自己的注意力快速对焦到错配点上。

在"向上"社交的情境中，当我们将平级思维和错配思维协调运用熟练之后，就能将思维进阶成双赢意识，也就能真正打开"向上"社交的新局面。

所以，"向上"社交的真正高手，不会花费太多注意力在琐碎的细节和自己紧张不安的情绪上，更不会把自己定位成一个谦卑的服务者。他们的注意力永远对焦在更重要的事情上：上位者在大局上的重点需求是什么，以及怎么做才能够让自己与上位者达成供需匹配。

这才是"向上"社交的真正密码。

第二章

修复自我概念

最糟糕的孤独是对自己不满意。

——马克·吐温

你喜欢自己吗？

能够毫不犹豫脱口而出回答"喜欢"二字的朋友，恐怕不会很多。生活中，很多人都是对自己"挑刺儿"的大师，尤其是那些感觉自己缺乏钝感力的朋友。

如果我们经常对自己吹毛求疵，看自己不顺眼，容易因此受困于过量的负面情绪，那就说明，我们的自我概念已经在不知不觉中受损。

什么是自我概念？

简单来讲，就是你对"我是个什么样的人"这个问题的答案。如果讲得专业一点，它就会涉及很多不同层次的"自我"。

1890 年，威廉·詹姆斯在心理学史上的里程碑式著作《心理学原理》中，就提到自我概念中"主观自我（I）"和"客观自我（me）"的区别。到了 20 世纪中期，人本主义心理学大师卡尔·罗杰斯进一步完善了自我概念的理论框架，将"自我概念"划分为三大方面：理想自我、自我形象、自尊水平。

理想自我，就是你想成为的人。这个人具有你想要拥有或者你正在努力争取实现的特质。

自我形象，就是你此刻对自己的看法。诸如外貌特征、性格特点和社会角色等属性都会影响你的自我形象。

自尊水平，就是你对自己在社会网络中所处位置的看法。自尊水平受到许多社会因素的影响，包括他人如何看待你、你认为自己与他人相比如何，以及你在社会中的角色。

一个人的精神面貌和生活品质，跟自我概念关系相当密切。如果一个人拥有积极健康的自我概念，就会感觉生活很充实、有目标、充满希望；反之，如果一个人的自我概念长期受损，经常看自己不顺眼，那就容易产生过量的挫败、焦虑、懊悔等负面情绪。

一个人的自我概念如果严重受损，那就已经不是单纯的钝感力问题，这是一种不健康的心理状态，需要人们加以警惕并修复。

修复自我概念，你同样可以遵循本书第一部分中提到的 BAI 模型，从优化、更新自己的解读方式方面下手。

在日常生活中，自我概念受损大多源自 4 种常见的错误解读方式，这些解读方式会令人觉得自己非常糟糕。相应的，本章将介绍 4 种思维工具，来帮助你修正这些错误，从而提升钝感力，修复自我概念。

05 全览思维：
别只盯着 KPI

人类是怎么判断一个东西好或者不好的？

答案是：靠标准来判断。比如，在挑西瓜时，我们以"成熟""美味"作为标准，达标为优，不达标为劣。

那么，我们又是如何来判断自己好不好的？

还是靠标准来判断。其中最耳熟能详的标准，就是生活中方方面面、或明或暗的 KPI。

职场中人，对于 KPI 这个缩写都不陌生。它的中文意思是：关键绩效指标。它是一个衡量标准，用来帮助管理者判定某个员工某一段时间的工作表现如何。

既然存在标准，就有可能有人达不到。如果达不到标准，我们对自己的看法恐怕就会发生改变，会感到自己仿佛变成了不够成熟美味的西瓜，不达标，则为劣。但事实真的是这样吗？

不达标也未必为劣

比如，公司要求你全年完成 1000 万元的营收指标，结果年底一核算，你只完成了 500 万元。马上就要年终总结了，该怎么向上级汇报，就成了一件非常令人头痛的事情。

有一类人，一想到要当着老板和一众高管汇报，提前一周就会开始坐立不安、担惊受怕。会议上，老板一个眼神、一个抿嘴，都会令他浮想联翩：完了，完了，老板肯定对我特别不满意。

他越是害怕，就越是出错，气场越来越弱，语气也越来越不自信。面对老板的质疑，他的思路也变得僵硬，要么半天想不起来怎么回应，要么说话变得磕磕巴巴，临场表现大失自己的真实水准。事后冷静下来一想，他又悔得要死：当时我应该那么说的！但当时一紧张，竟然没想起来。哎呀！真是的！但为时已晚，此人已经因为临场表现不佳，在老板心中被扣除了不少印象分，甚至因此失去了老板的信任。

还有一类人，同样是关键绩效指标没完成，要向老板汇报，他们却能毫不怯场、侃侃而谈。面对老板的质疑，他们也能思路敏捷，表达得井井有条，有理有据。参会的所有人，都能感觉到他们的自信和游刃有余。在老板那里，他们没完成任务，不仅不会丢太多的印象分，反而可能因出色的临场表现力赢得赞许，事后继续被委以重任。

在过去十几年的职场生涯里，这两类人我见过许多。同样面对不尽如人意的指标表现，第一类人会让老板感觉他不能胜任工作，当事人可能遭遇极大的职场挫折；第二类人却不会让老板感觉能力不行，事后依然被委以重任。他们的差别在哪里呢？

表层差异源于钝感力

这两类人的表面差异，其实源自钝感力的强弱。

第一类人，对"关键绩效指标不达标"这个信息的刺激系数过高，钝感力不足，所以产生了紧张、焦虑、恐惧等过量的负面情绪，才产生了强烈的心虚的感觉，生怕别人发现自己没有达到工作标准，认为自己能力差。这样的情绪越是强烈，他们在耶克斯曲线的危险区陷得就越深，呈现的样子就越害怕，加以掩饰，结果表现得更差。

第二类人，对同样信息的刺激系数低了很多，他们的钝感力比较强，并没有把"关键绩效指标不达标"当成一件多么了不得的大事。适量的负面情绪并没有让他们进入危险区，所以临场表现也不会大失水准。如此一来，别人对他们的观感不仅没有降低，反而会有所提升。

因为老板和其他同事对他的心理预期是，"这个人指标完成的这么差，肯定心虚"；但现实却是，此人身处逆境却毫不慌乱，一看就是个非常自信、有韧性的人，能干大事。

这时候，有些朋友自然就会想，我是不是可以训练自己，哪怕内心再忐忑，表面上也能强装出一副淡定、自信的样子，再刻苦训练自己的表达能力，让自己显得游刃有余，这样别人对我的观感就会变好一些？

如果真的能够伪装得像是充满自信的样子，那么这种伪装也是有效的。就像英语俗语"Fake it until you make it"，我管它叫"装腔做实"。

装腔做实

"装腔"指的是，哪怕你心里再没底，表面上也要"虚张声势"，昂首挺胸、中气十足，表现出自信的样子来。"做实"指的是，当你总是装出一副很自信的样子，你就真的会变得自信。

这就是心理学中的"具身认知"理论：人们既可能因为自信而表现得游刃有余，也可能因为模仿自信的动作和神态，而真的让自己变得更加自信。

具身认知的原理跟自我概念理论有关：人的自我概念来自哪里？它的很重要的一个源头，就是对自己日常一次次行动的评价。

比如，如果你发现，自己经常会答应别人的请求，你对自己的评价就可能是"我是一个热心的人";如果你经常观察到自己对人讲话时磕磕巴巴,你对自己的评价就可能是"我是一个气场弱、不太自信的人"。

而当你开始表现得自信的时候,即便这种行为是表演出来的,但由于存在具身认知,你真实的情绪仍然可以被唤起,你开始真的觉得自己是有底气的,从而提高自我评价,修正自我概念。

从职场"小白"到职场"大牛",很多人在底气不足的时候,都曾尝试过"装腔做实"。这就是我们在本节中要分享的第一招。

但是这一招只能治标,不能治本。"装"出来的自信,并非在所有场合对所有人都适用。可能有些朋友尝试过这一招后,发现自己假装不来,一遇上这种场景还是会心虚,无法通过这一招调整自我概念和提升钝感力,那么我们又该怎么办呢?

对"不达标"的再解读

这时,就需要我们优化对这类情境的解读方式,也就是接下来我们要详细介绍的一个重要思维工具:全览思维。

顾名思义,全览思维是指在看任何事物时,不要只局限于地图的某一角或事物的某一面,而是要全面地观察其整体。就关键绩效指标没完成这一场景来说,意思就是不要只盯着关键绩效指标这一个指标，而是要多看看其他指标。

在开头我们讲过，关键绩效指标只是一种衡量标准，用来帮助公司评价一个员工某一段时间的工作表现。

标准本质上又是什么呢？是人们在认知复杂的世界时，不得不人为制定的一种用来简化复杂情况的辅助工具。

如果我们想要知道一个人是不是聪明，过得好不好，生活幸不幸福，该怎么判断呢？显然，做这种判断很难，因为其中牵涉的参数实在是太多了，人类的大脑是算不清楚的。所以人们就需要提炼出一套简化的指标，来帮助自己进行判断和衡量。于是，人们就通过学习成绩、工作收入、婚姻状态这些简化的标准来辅助自己做判断。

这个孩子考试每次都排在倒数，人们可能因此认为他不够聪明；这位表哥每年能赚 100 万元，人们或许认为他生活得很好；那位表姐四十多岁了还没有男朋友，有人可能断定她不幸福……

但是这些简化的标准，只是我们认知复杂世界的一种快捷方式，并不总能反映事物真实的面貌，有时候还会发生极大的偏差。

虽然这个孩子考试成绩不佳，但是在人际交往上很有天赋，情商特别高，这样你能说他不聪明吗？当然不能。

虽然这位表哥年收入不少，但是做生意风险太高，对于他而言，一着不慎可能就满盘皆输，把家底赔光。而且他在投资时欠人家的高利贷还没还清，利率比利润率还高，处于巨大的压力之下，他每天都失眠，你能说他过得很好吗？当然不能。

虽然这位表姐四十多岁了还没有男朋友，但是她一直在做自己喜欢的工作，还有一帮知心朋友，有事儿没事儿就去环球旅行，你能说她不幸福吗？当然也不能。

回到关键绩效指标没完成这件事上，虽然公司给你制定了一年1000万元的营收指标，你只完成了500万元，看上去是失败了，很难向老板汇报。但是它就一定能反映你这一年工作的真实情况吗？没有完成它就代表你的能力不行吗？未必。

一个指标无法全面概括一个岗位的所有工作内容。虽然营收完成不理想，但你可能开拓了不少新客户，并且今年投入了大量精力维护客户关系，这样到明年或后年，你可能厚积薄发，产出业绩；也可能你的团队成员都是新手，业务还不熟练，所以你花了许多心思在培养团队上；可能电商平台规则变化特别快，前面大半年你都在摸索、试错，为其他团队输出了许多有价值的信息……

这些都属于关键绩效指标这种单一的指标无法衡量的工作结果。

如果说完成关键绩效指标是主线任务，那么这些工作结果，就是隐藏在主线任务之下的支线任务，或者是对下一个主线任务至关重要的前置关卡。看到这些关键绩效指标之外的工作成果，你才能对自己过去这一年干得怎么样有一个大致公平的评价。

溯源指标

我们经常会犯这样的错误：因为一种事物太过复杂，无从下手，所以必须发明一种工具来简化它。但因为这种工具的广泛使用，又导致我们反而无法得知事情的真相。

关键绩效指标就是一种典型的极易遮蔽事物真相的工具。

它本来只是用来解释复杂世界的一种辅助工具，却慢慢被当作了能一锤定音的真理。员工的自我评价、管理者对下属的评价，都会受到它的影响。当指标没有完成时，我们就会很自然地降低对自己的评价、对下属的评价，这些都是过于简单粗暴、充满纰漏的解读方式，容易伤及被评价方的自我概念。

如果我们再往深一层思考，去追溯指标这种工具的源头，可能又会产生新的判断。

人生在世，或明或暗的指标不计其数。不仅是公司里被明确量化的关键绩效指标、前文里举过的例子，比如考多少分、挣多少钱、结没结婚等隐形的社会标准，都是"指标"。这些指标的源头是什么呢？换句话说，它们都是由谁定出来的呢？

来源有以下三种。

第一，来自纵向关系中上位者的期望。比如公司里领导制定的业绩指标，家长对孩子制定的成绩、才艺等各种指标。

第二，来自社会文化的规训。当一个社会崇尚"螺丝钉文化"时，吃苦奉献的表现就是社会评价一个人的核心标准；而当一个社会转为崇尚经济和物质的力量时，社会评价一个人的核心标准则成了赚钱能力。

第三，来自个体的自我要求。比如某人立志每天必须跑5公里，这就属于自己为自己制定的标准。

在这些指标里，最常见的是前两类。第一类指标体现的是上位者加之于下位者的期望，第二类指标体现的是社会文化对个体的期待。这两类指标的首要使命，是为其他的社会角色服务，而不是为你服务。这些KPI也许契合你的特质和发展需要，也许相反。因此，这些KPI可能是你的盟友，也有可能是你的绊脚石。

既然绝大多数指标并不是为你服务，而且有可能变成你的绊脚石，那么你为何要受这些指标的束缚，将它们作为评价自我的标尺呢？在使用这些外部的标准评判自己之前，我们更应该思考的问题是，这些指标到底是不是自己的盟友，它们是不是对自己有利、是不是能够恰当如实地反映自己的真实情况？在这些问题得到肯定的答案之后，我们才能接受这些指标对自己的评判结果。

当我们完成了对"指标"的元思考，并掌握了全览思维，我们也就掌握了解释世界的另一种工具。它解释的结果会比单纯的指标更接近世界的本来面目，更可以帮助我们看到自己隐藏在完成指标的主线任务目标之下的闪光点，也能让我们更科学地认识自己的价值。

价值，永远跟标准牢牢绑定。如果没有标准，就无所谓好坏；如果标准变了，对优劣的评判也会变。

就好比人类评价西瓜，原本以成熟美味为优。但换个场景，假设在野外遇见有威胁的动物，而你希望将西瓜作为投掷攻击的远程武器，那标准就不是以"成熟""美味"为优，而是以"你扔得动"和"有杀伤力"为优。

人对他人的评价、对自我的评价，同样如此。工作绩效绝非不可更易的标准，对此我们必须有所觉知。

全览思维和错配思维，是一对经常可以搭配使用、共同促进的黄金组合。

在完成指标结果不理想的局面下，当我们使用错配思维，找到自己的供应和对方需求之间的错配点之后，我们就会发现，在指标之外，我们的优势特质也帮助自己和团队收获了其他有价值的工作成果，此时的情况也大概率适用全览思维。反过来，借助全览思维对自己功劳的检验，我们也会更能发现自己真正的优势所在，以及这些优势与当前环境对我们的指标要求之间有没有错配矛盾。

这两种思维的联动，能够让我们更好地巩固自我概念，不为当前未达标的结果所动，从而在根本上修正对自己的评价机制，修复受损的自我概念。

06 脱钩思维:
"事办砸"不代表"你很差"

同样是面对失败的信息,有时候我们能很快恢复,拥有较强的钝感力;有时候我们却深陷负面情绪,很久都走不出来。原因何在?

答案在于自我概念。

如果失败的信息不伤及你的自我概念,比如你把失败的原因归于运气不好,那么你受到的打击就会比较有限;但如果你把失败的原因归于自己太差,这样就会伤及你的自我概念,激发出过量的负面情绪。

怎么才能避免失败的信息伤及自我概念呢?上一节的全览思维已经提供了一种面对挫败的崭新解读方式:关键绩效指标不能代表你的真实水平,你要看到自己在完成指标之外的功劳。在这一节中,我将介绍另一种崭新的解读方式:脱钩思维。

事情成败与个人能力需要脱钩

所谓脱钩思维，就是将事情成败与自我概念脱钩。也就是说，一件事有没有做成，跟一个人的能力强不强，没有必然联系。

生活中，很多人习惯于用事情的结果来评判人的能力水平和价值。这就是错误的解读方式，是一种"胜者为王"的机械化思维定式。

无论是在历史上还是现实生活中，都有太多反例可以推翻"胜者为王"这样的思维定式。

西楚霸王项羽陷入绝境之后的最后一战对决的是汉将灌婴，虽然项羽在与灌婴的一战中兵败身死，但没有人会认为灌婴的个人能力强于项羽。虽然灌婴本人实力也很突出，但跟霸王项羽相比，完全不可以相提并论。

灌婴之胜和项羽之败，是历史洪流运行到此处之后形成的强大势能所注定的必然结果。经过"四面楚歌"和"十面埋伏"的重创之后，项羽已经到了穷途末路。换任何一个有基本军事素养的汉将来指挥这以多敌少的最后一战，都会是必胜的结局。这种胜败，与统帅的个人能力早已无关。

比如，在2004年的NBA总决赛中，活塞队以4∶1的比分轻取湖人队。活塞队的首发五虎，都是优秀的职业球员。但如果你稍微了解一点 NBA，也许就不会认为活塞队这 5 位球员的个人实力在湖人队的奥尼尔和科比之上。

一场战争的胜败，一场球赛的胜败，固然与统帅和当家球星的个人实力有很大关系，但二者绝不是画等号的关系。除了关键当事人的个人实力，还有很多影响事情成败的因素。

"胜利份额"意识

事情成败跟个人能力到底有多大关系呢？ NBA 圈子中所使用的一种数据化工具 Win Shares 可以给我们以很大启发。

Win Shares，简称 WS，字面意思就是"胜利份额"。它是一项数据指标，用来评估某个球员对团队胜利的贡献程度。NBA 已经是一项数据分析水平非常发达的赛事，比赛里每个球员的每个细微动作，都会被某项数据指标记录下来。比如谁命中了一个三分球，谁抢到了一个篮板球，都会有相应的数据记录。

后来，随着数据分析水平的进步，研究者们找到了球员的各种单项数据跟球员对团队贡献率之间的关系，于是用一套统一的换算标准，计算出每场比赛每个球员的胜利份额。哪怕是失败的一方，每个球员也都有胜利份额数据。

随着这一数据指标的完善，人们渐渐发现，这项数据对于衡量一位球员的真实水平，和他们对团队的真实贡献很有参考意义。虽然它还不够完美，但在很多时候，我们已经可以近似地认为：胜利份额越高的球员，水平越高。

更有趣的是，如果我们用胜利份额这个数据去查看 NBA 历史上所有那些决定名次归属的季后赛、总决赛，会发现一个很有趣的事实：在很多年份的总决赛里，胜利份额最高的，居然是输掉比赛的那支球队的球员。

这究竟是怎么回事呢？简单来说，虽然你个人能力很强，但我的队友比你的队友更厉害，所以我们的团队笑到了最后。

这种情况在 NBA 历史上一点都不罕见。"你的水平更高"和"你输掉了比赛"，这两种信息经常共存。这就是团队体育运动的真相，在某种意义上，也是世界的真相。

如果我们具备了胜利份额意识，就会很容易看到某人所做的事情的成败，和对其个人能力的评价需要脱钩这一事实。

如果把楚汉相争比做一场 NBA 球赛，灌婴对决项羽的最后一战，就好像比赛的最后一个回合，胜负已分，比赛已经进入了"垃圾时间"，输掉的那方只能绝望地做一下最后挣扎。

只听一声哨响，比赛结束，项羽输掉了比赛。但赛后统计胜利份额时，却发现失败方项羽的胜利份额数据高得惊人，不要说灌婴比不了，就连韩信这种级别更高的选手，胜利份额数据也未必能超过霸王项羽。"项羽输了"是事实，"项羽很强"也是事实。

在现实中，这样的例子也不鲜见。

比如，一个人在大公司做大项目，有海量的广告投放预算支撑和兄弟产品的流量资源导入，最后，项目取得了成功；另一个人，在另一家比较小的公司里负责同样赛道的项目，但他手中的资源匮乏，投放预算少得可怜，只好费尽心思精细化运营，以极高的投入产出比打出了一片天地，只是最后市场占有率远远不如前者。

假如这两个人的职位完全同级别，那么在负责招聘的人力资源部门（HR）眼里，谁的水平更高呢？大概率会是前者，因为前者的简历看上去更漂亮：大公司、大项目、成名产品。

但如果我们具备了胜利份额意识，就会对这个结论更警惕一些：两个产品之间的比赛结果显而易见，但各自当事人的胜利份额呢？那就需要我们去了解更多信息，不能简单下结论。

分清三个圈

我在从前的免费视频节目里，经常讲到一句话：人生在世能活明白的一个重要标志，就是要分得清"三个圈"。

这三个圈分别是：控制圈、影响圈和不可抗力圈。

控制圈是自己能说了算的事情的范围。比如你决定今天晚上是读书还是出去玩，你操刀的项目提案定什么方向、写什么主题，你安排手下的部属每天做些什么工作。

影响圈，是你可以尽力去施加影响，但控制不了结果的事情的范围。就好比你希望去谈一个大客户，你可以尽量改善客户关系、研究客户需求、优化自己的销售话术，但客户会不会跟你签单，不受你控制。

不可抗力圈，是你连施加影响都不可能，属于命运随机数范围。就好像在篮球比赛中，你花式运球突破吸引了五个人的防守，然后传给一个没人防守的队友，创造了一次绝佳的空位投篮的机会，但队友硬是投出一个"三不沾"，白白浪费了好机会。队友出手的结果，对你来说就属于不可抗力圈。

理解了这三个圈，我们就能更加深刻地理解，事情成败与个人能力和自我概念需要脱钩这一事实。

在一场篮球比赛里，你个人的攻防表现，属于自己的控制圈；你有没有做好激励队友士气、提醒队友防守站位和进攻跑战术的沟通工作、为队友主动"喂球"培养手感，属于影响圈；队友能不能防得住或投得进、对手会不会超常发挥或用危险的防守动作弄伤你、裁判会不会吹黑哨，这些属于不可抗力圈。

分析列举到这里，你会发现，在"赢球"这件事的关键成功因素里，个人的实力表现，只占其中有限的一部分。更多的因素，都会落在你的不可抗力圈。

在其他的人生大事上，就更是如此。

比如，你能不能拿下一个客户。在所有的成功关键因素里，控制圈是你的提案水平、你推介的产品组合和优惠力度；影响圈是你的客户关系经营力度和沟通话术，你向公司寻求资源支持的力度，但真正的大头在不可抗力圈。

像客户内部的权力结构、客户和竞争对手之间的关系、客户对你们公司品牌和老板的观感、竞争对手有没有给出超出你们公司底线之外的优惠力度、竞争对手有没有使用一些桌面下的盘外招等，所有这些都属于成功关键因素的一部分，也都落在你的不可抗力圈。

再比如，你负责运营的一个互联网产品，能不能取得成功。在所有的成功关键因素里，控制圈是你的运营策划水平、你投入的工作强度、你对市场数据和用户数据的分析能力；影响圈是你的跨部门沟通协调能力、你对下属的管理激励能力、你向公司寻求资源支持的能力。但关键点还是落在不可抗力圈。

公司能够支持的投放资源预算是多少？竞争对手的又是多少？竞争对手有没有给出其他的流量资源支持？来自政策监管的变量有哪些？市场有哪些新的技术趋势和动向？竞争对手有没有引入大量融资在市场上大规模烧钱抢用户？自己的公司品牌有没有爆发一些令用户反感的公关舆论危机？技术部门有没有留下恶性的产品漏洞……以上这些也都落在你的不可抗力圈。

我们越能看清一件复杂事情运转的逻辑，也就越能理解，在很多人生的事件里，成功关键因素的大头都落在我们的不可抗力圈。事情能不能做成，与你的个人能力强不强真的没那么大关系。

如果我们具备了脱钩思维，那么对于失败的信息就会产生新的解读方式：失败未必代表我很差。失败的结果，跟我拥有不错的胜利份额，这两种信息完全有可能并存。这样的解读方式升级，就会有助于我们保护自我概念，提高面对失败结果的钝感力。

脱钩思维的延伸

不仅如此，脱钩思维还有助于我们做出有效的事后复盘。

一件事情结果不理想，面对这种信息，我们正确的第一反应既不是责怪自己，也不是归咎于别人，而是理智地分析成功关键因素，看看它们有哪些在自己的控制圈、影响圈，哪些在自己的不可抗力圈。

然后，我们再来检查自己在控制圈和影响圈内，有没有没做到位、应该反思的地方。

如果有，那就是我们接下来优化努力的方向；如果没有，那就说明这件事的失败，主因在于我们的不可抗力圈，跟自己确实没多大关系。这样我们就可以坦然地安慰自己一句：岂能尽如人意，但求无愧我心！

我在从前的《被讨厌的勇气》解读课上经常讲到，课题分离的思想，与"岂能尽如人意，但求无愧我心"这句古话的精神内核高度相通。我所分享的脱钩思维，同样可以视作"被讨厌的勇气"系列中课题分离思想的进阶延伸，它是让我们将事情的成败与自己的个人能力和自我概念进行课题分离的方法。

脱钩思维，与前文中的全览思维，不仅是我们面对失败信息时修复自我概念、提升钝感力的两种备选思维工具，而且它们也可以搭配使用，二者之间是相互促进的关系。

如果你能熟练地使用全览思维，你将能够全面地看到自己的各种功绩表现，给自己的胜利份额以更合理的估值，从而让自己更加坚定地相信，事情的失败并不能说明你这个人不好。如果你能熟练地使用脱钩思维，你将养成全面分析一件事情成功关键因素的习惯，从而帮助自己打开视野，看到事情成败的各方面因素，巩固用广角视野全览世界的思维习惯。

07 接纳思维：
对老缺点的新看法

你是一个开得起玩笑的人吗？

这是个很难回答的问题，因为有一些玩笑我们可以一笑而过，但也有一些玩笑，会让我们非常在意，甚至恼羞成怒，做出一些不合时宜的举动来。

令人反应过激的玩笑

在 2022 年第 94 届奥斯卡颁奖典礼上，就发生了这样令人意外的一幕。在全球观众的目击下，知名影星威尔·史密斯突然走上台，给了奥斯卡颁奖嘉宾克里斯·洛克一巴掌。

这起掌掴事件，被称作"奥斯卡历史上最大的播出事故"。事件的起因仅仅是一个玩笑——颁奖嘉宾克里斯·洛克为了活跃气氛，调侃了威尔·史密斯妻子的脱发问题，使威尔·史密斯十分生气，并出手打人。

这一幕过于令人震惊，以至于包括威尔·史密斯的妻子在内的许多现场嘉宾和在线观众，都以为是颁奖典礼故意安排的一个"梗"。

事后，威尔·史密斯为这一巴掌付出了沉重的代价，他不仅从美国电影艺术与科学学院引咎辞职，更是在 10 年内被禁止出席所有与奥斯卡相关的活动。他本人虽然为此再三道歉，但依然无法消除负面影响。他正在拍摄的两部电影都宣布暂停拍摄，他作为演员的职业生涯受到了沉重打击。

我们这里不去评价威尔·史密斯这一举动到底是否合适，只是想借此探讨，为什么有些玩笑会让我们如此敏感，甚至反应过激呢？

是否接纳，决定是否敏感

答案就在这两个字上面：接纳。

当我们能够接纳自己某种短板的时候，它就只是我们的一种特点。别人拿它来开玩笑，我们不会太介意，甚至可以主动"玩梗""自黑"。而当我们不能接纳自己身上的某种短板时，它就是一种缺点，会严重损伤我们的自我概念。我们会为此感到羞耻，会拼命想要回避它、掩盖它、否认它。

这时候，如果别人拿它打趣，就是哪壶不开提哪壶。这种玩笑会被我们解读为嘲笑，对我们情绪的刺激系数会迅速飙高，导致我们产生过量的尴尬和愤怒情绪，进而做出一些过激的反应。

这里的"短板"，可能是身体上、性格上的某种缺陷，也有可能是曾经犯过的错、做过的糗事。既可能关于我们自己，也可能关于我们身边的亲近之人。

比如，有的人觉得胖是自己的缺点，那么当别人拿她的胖来开玩笑的时候，她就会特别生气。但她不觉得自己不会唱歌是缺点，所以当别人拿她的五音不全来开玩笑的时候，她自己也会跟着哈哈大笑。如果只看前一种情形，人们就会觉得她怎么这么敏感，开不起玩笑，不好相处。但如果再看后一种情形，人们也许会觉得她很开朗活泼，有娱乐精神。

有时候，当事人可能已经接纳了自己的某个缺点，但是身为亲近之人的我们还没有接纳，那么也会在亲近之人的缺点被提起时表现得缺乏钝感力。就比如开头讲到的威尔·史密斯的掌掴事件，妻子本人在自己的缺点被开玩笑时，还没有什么表示，丈夫却出奇地愤怒。

要想提升在这一类场景下的钝感力，我们就需要具备接纳思维——我们那些引以为耻的所谓的"缺点"，也许只是一种特点，不必让它们影响我们的生活。

缺点真的是缺点吗

拥有接纳思维的第一重要义是：学会切换视角，看到缺点的另一面。

俗话说"尺有所短，寸有所长"。我们每个人都有长板也有短板，某种特点是长处还是短处，从来没有统一的标准，关键在于我们怎么解读它。在大部分场景中，那些缺点只是被放错了地方的优点而已。

比如，心直口快这一性格特点，在商业谈判中往往是缺点，因为心直口快的谈判者一不小心就会把自己的底牌泄露出去。但是这种特质在人际交往中却常常是优点，如果你已经立住了心直口快的个人形象，那么人际交往也许对你而言会变得简单很多，你不用特别纠结如何委婉措辞。因为即便你说的话不得体，别人也不会觉得你是在针对他，也许只会觉得你性格如此。

反过来，性格沉稳、出言谨慎，在需要活跃气氛的一对多人际交往场合是缺点，但是在需要深度交心的一对一人际交往场合却是优点。

想法总是天马行空，一天一个新主意的性格，在需要注重细节、照章办事的岗位上是缺点，但是在创意类的岗位上却是优点。

某种特点是缺点还是优点，主要取决于我们怎么解读它，以及能不能发挥它的作用。做不到发挥自己某一特点的优势，也许只是因为我们还没有找到合适的方法，或者我们的特点与周围环境之间还存在着错配矛盾。抱持着这样的信念，我们不仅可以做到心平气和地接纳自己的特点，还能够有意识地主动适应新环境，从而让原本的"缺点"变成优点。

但还有一些缺点，是无论我们怎么切换视角、怎么转换环境，都没办法找到好处的，这时又该怎么办呢？

缺点能够被改变吗

电影《嗝嗝老师》中的主人公奈娜，出生就患有妥瑞氏症，会不受控制地发出一些怪声，还会发生脸部抽搐的不自主动作。她想要成为一名老师，却屡屡因为疾病被学校拒绝。

无论怎么想，奈娜的人生好像都是没有这种疾病会更顺利一些。

这就要讲到接纳思维的第二重要义：区分我能改变的和我不能改变的，改变能改变的，接纳不能改变的。

就像手机一样，每个人天生都自带许多项"出厂参数"：出生在什么家庭、样貌如何、智商如何……这些是我们先天被给予的东西。我们无法改变自己"被给予什么"，但是我们却可以决定"如何去利用被给予的东西"。不要去关注无法改变的东西，而要去关注我们能改变的东西。

比如，我们无法改变自己出生在什么样的家庭，但是我们可以决定自己想要建立什么样的家庭；我们无法改变遗传到什么样的基因和是不是天资聪颖，但是我们可以选择多读书来丰盈自己的内心；我们无法改变自己的身高，但是可以选择提高自己的身体灵活性。

NBA 赛场著名的小个子球员厄尔·博伊金斯的经历就是一个很好的例子。

众所周知，篮球是一项巨人运动，博伊金斯的身高却只有 1.65米。这个身高，都还没达到美国成年男性的平均水平，更何况是在平均身高为 1.98 米的 NBA 赛场？但是博伊金斯却在 NBA 历史上留下了自己独特的印迹——他在 NBA 竞争残酷的环境里生存了 14 年，算得上"超长待机"。在整个职业生涯里，他有 6 个赛季场均得分比NBA 球员的整体平均水平高出很多。而且，他还曾经打破过 NBA 加时赛的个人得分纪录。

博伊金斯身高的巨大劣势是先天的，而身高在篮球赛场上是一项无法忽视的重要指标，也不可能通过刻苦训练的方式来提高。如果博伊金斯一直纠结于"身高"这项自己无法改变的参数，也就无法在NBA 赛场上取得这些成就。

电影《嘟嘟老师》里面的主人公奈娜也是如此。妥瑞氏症是一种无法治愈的先天性疾病，如果她一直纠结于自己改变不了的病症，整日为此哀叹，也就不可能拿到教育学和理学双硕士学位，更不会专注于提升自己的教学水平，自然也不可能桃李满天下，成为一名优秀的老师。

可以说，像博伊金斯和奈娜这些有着"先天不足"的人，之所以能够取得超出常人的成就，是因为他们都做到了对自己缺陷的自我接纳，接受自己不能改变的，同时努力去改变自己能改变的——我承认我有缺点，但**这个缺点不是靠我的主观努力能改变的，所以它不能代表我**。有了这种信念，我们就不会因为那些无法改变的缺点伤及自我概念。

缺点需要被改变吗

说到改变，我们就又会遇到一个新的问题："我能改变的"事情有很多，但人的精力有限，不可能同时在所有领域都改善自己。那么我们该怎么分配自己的时间精力呢？

这就需要讲到接纳思维的第三重要义：区分我需要改变的和我不需要改变的。

在那么多"我能改变"的事情里，我们需要明确自己希望改进的主战场是什么，自己精力还能兼顾的副战场有哪几个，想明白这些之后，再把这些领域归类到"需要改变的"范围内。对于其他无法兼顾的领域，则将其归到"不需要改变的"范围内。

比如，小王做的是设计工作，他希望有个好的职业发展，对视觉美术方面也很有兴趣，还希望自己有一个健康的身体，同时还想提升自己的唱歌能力，好在同事聚会、公司年会上有更多的表现机会，提升自己的个人魅力。

经过一番梳理之后，他发现以他现有的精力不可能兼顾这么多事情的改进，需要做取舍。于是他最终选择了美术设计和摄影作为他"能改变"而且"需要改变"的领域，因为这样才能让他的职业生涯走得更顺。至于锻炼健身和提升唱歌能力，虽然也对自己有好处，但不是当前最应该关注的问题，所以被他归类到"能改变"但短期内"不需要改变"的领域。

综合以上原因，小王应该努力提升自己的美术设计水平和摄影水平，而对于其他领域的不完美坦然接纳。比如唱歌跑调，虽然每次同事聚会唱歌时，他一开嗓就会引起一片哄笑，但是对这种情况，他就不应该过于介怀。

就算是我们"能改变的"缺点，如果它属于"不需要改变的"这个范围，也应该被划入"需要接纳"的范围中。

接纳思维的适用范围

当我们学习一种理论时，一定要注意它的适用范围，谨防滥用。

那么，接纳思维有没有适用范围，有没有滥用风险呢？

当然有。

接纳思维和钝感力之间是绝对的正相关关系，一个人对自我缺陷的接纳程度越高，他的钝感力也就越强。但人生课题并不是只有钝感力，如果我们滥用接纳思维，就可能损害其他人生课题的完成。

滥用接纳思维最容易导致的一个问题，就是躺平摆烂，把自我接纳作为停止个人成长的借口。

比如年终考核中，上级给小王打了低分，想要以此敲打他，让他更勤快一点。如果小王滥用接纳思维，就可能对自己说：既然我总是被领导说又笨又懒，那我自己认了还不行吗？我接纳我的懒、笨状态，上级爱怎么样就怎么样。

像这种消极的自我接纳，它对调节心态不能说没有积极作用：死猪不怕开水烫，从此小王就对上级的责骂免疫了。但是现实中，小王就可能过得越来越差，直至被边缘化。

要避免接纳思维的滥用，还是需要我们回归前面讲到的接纳思维的三重要义。

第一，学会切换视角，看到缺点的另一面。看看自己所谓的缺点，是不是只是被放错了地方的优点。

第二，区分我能改变的和我不能改变的，改变能改变的，接纳不能改变的。如果真的是缺点，那么就要看看自己是不是能改变它。

第三，区分我需要改变的，和我不需要改变的。在自己能改变的许多缺点里，找出自己最值得也最有意愿付诸行动去改变的，并坦然接纳重要性和优先级比较低的缺点。

接纳思维本质上也是一种划分三圈的思维，即界定清楚自己的控制圈、影响圈和不可抗力圈。对于不可抗力圈内的缺点，我们唯有接纳。对于在我们控制圈和影响圈内的缺点，我们则可以通过接纳思维的三重要义划分重要性和优先级，锁定自己"能改变"且"需要改变"的领域，优先对指定范围内的缺点进行改善。

所以，我们不能将接纳思维当作单一技能使用。接纳缺点不是终点，改变自己、让自己变得更好，才是我们前进的方向。

越能接纳就越能改变

人本主义心理学大师卡尔·罗杰斯有这么一句充满智慧的话：

> 一个有趣的悖论是，当我终于能接纳自己的现状时，我才有能力改变它。

这句话体现了接纳思维的精髓。当我们对自己的缺点耿耿于怀、极其在意时，我们虽然很想去改变，却难以行动；等到我们能够叹口气，坦然接纳这个缺点时，我们反而会开始具备做出改变的力量。

比如，很多人认为胖是缺点，想要减肥，他们通常会怎么做呢？

大部分人，是通过自我攻击的方式，告诉自己"我现在是有缺陷的"，通过唤起自己强烈的负面情绪，逼自己采取行动。

比如对自己使用语言羞辱：你看你肚子上的"游泳圈"，腰这么粗、腿这么壮，穿衣服太难看了。还不快去减肥，不瘦十斤就不许改头像。

还有一种人，他们虽然认为胖是一个需要解决的问题，但不会因为胖就自我攻击，更不认为胖是一种缺陷，提到自己的胖，不会有强烈的负面情绪，心态非常平和。

他们会想：哦，胖了呀，那就减减肥吧。就像冷了就要穿衣服，累了就要休息一样，胖了就少吃点，多去运动就好。

第一种改变的方式，我把它叫作"自我攻击式的改变"。它让人认为，现在的自己是有缺陷的，只有改变了现在的自己，才能变得正常；第二种改变，我称之为"自我和解式的改变"，虽然同样是想要改变现状，但与第一种改变不同，它不让人认为现在的自己是有缺陷的，就像没有人觉得自己冷了需要穿衣服是一种缺陷一样。以减肥为例，做出自我和解式改变的人不会因为胖就自我攻击，他们的内心始终是平和的。

这两种改变方式哪一种会更容易成功？通常是第二种——自我和解式的改变，原因何在呢？

接纳思维会降低摩擦系数

改变自我需要耗费大量的精神能量，而每个人的精神能量都是有限的。自我攻击，就相当于在给自己的改变增加"摩擦系数"。

我们知道，在物理世界中，一个物体与接触面之间的摩擦系数越高，想要推动它，就会越难，精神世界同理。

本来你督促自己今天晚上去运动，可能耗费 10 点精神能量就够了。如果你不断地羞辱自己："这么胖了还不去运动，怎么意志力这么弱！"由此把大量的精神能量耗费在与自己做斗争上，摩擦系数就变大了，那么你要实现"从不动到动"的改变，10 点精神能量也许就不够用了。

换句话说，同样志在运动，一种是只和"不动的状态"作斗争，我们只需要说服自己："为了运动而付出的时间和体力是值得的"，就可以开始行动；另一种则是额外给自己增加了一个斗争对象：我们一边说服自己付出时间、体力运动是合算的，一边要狠狠地批评"糟糕的自己"。自我攻击式的"励志"改变，就好像把原本的单挑局面变成了一打二，我们的胜率自然也就降低了。

因此，做出改变不仅需要意志力，还需要接纳思维带来的和解力。不羞辱现在的自己，我们才有足够的能量成为更好的自己。

08 非争思维：
你是谁只与你自己有关

在前文，我介绍了应对挫折、正视缺点，以及修复受损的自我概念的几种思维工具。在本章的最后一节，我们将着重围绕自我概念的第三个方面——自尊水平，即基于社会网络的自我认知展开分析。这同样是自我概念受到挑战的重灾区。

因为比较而产生的过量负面情绪

俗话说"人比人，气死人"。

人的负面情绪，有很大一部分来自人际关系中与他人的比较。对于自己的某种状态，本来你不觉得有什么不好，但如果突然知道，身边某个被你认为可以拿来一比的人比自己强，你的心里顿时就会酸溜溜的，对于自己眼前的状态也会挑出不少毛病。

比如学生时代的一次考试，你感觉挺难，100分的卷子考出了80分。本来你觉得已经对得起自己了，但当你突然知道跟你一起玩的几个小伙伴，不是考99分就是考100分时，你顿时就会产生自我怀疑。

再比如，你工作了几年，终于有了积蓄，买了一辆代步车，攒够了一间小户型公寓的首付。你本来觉得人生就此步入正轨，未来可期，但当你突然得知，中学时几个成绩不如自己的老同学，现在都开上了奔驰、宝马、劳斯莱斯，住进了几百平方米的大别墅时，心里难免会不痛快，并且这种心情可能持续很长时间。

竞争之心，人皆有之。人类的攀比心态，至少从幼儿时期起就初现端倪，继而在学校教育中被鼓励、被强化，最终成为每个人进入社会时的基本配置之一。

对于这种攀比心态，绝大部分人都会认为很正常：人生如赛场，我们就是要努力拼搏，在一场场竞争中胜出，争取多赢少输啊！但是，这种对人生的解释风格，虽然普遍，却并不一定是正确的。

假如你在生活中的竞争中有胜有负，而且这种解释风格能够激发出你奋发上进的斗志，那么问题不大。但如果你长期获胜或者长期落败，这种解释风格就容易让你对比较过于敏感，从而产生有害的情绪。

经常获胜，可能让你变得自大自满，甚至目中无人；经常落败，可能导致你怨天尤人，妄自菲薄。无论常胜还是常败，这些心理活动对于人的长期发展都是有害的，所以我们需要为此提升钝感力。

对于竞争比较，阿德勒学说提供了一种完全不同于世人看法的解读，也就是本章将要讲到的非争思维：人与人之间的一些竞争，无论是赢还是输，也许都没有好处，也没有意义。

游戏规则不统一

有些竞争之所以没有意义，是因为不同的人之间根本就没有可比性。

这首先是因为，任何比较和竞争，都有一个基本前提，那就是统一游戏规则。打篮球比赛，需要明确是适用 NBA 规则还是国际篮球联合会（FIBA）规则；下象棋需要明确是适用我们国内的规则还是亚洲规则；哪怕打扑克牌，也要明确是玩什么游戏。如果规则不统一，人与人之间的比较和竞争就只能是一本糊涂账。

不同人的人生之间之所以没有可比性，就是因为没有一个统一的游戏规则。如形形色色的游客，从四面八方来到人生这个旅行目的地。

旅行的人会对目的地带着某些期望：有人希望吃到那里的特色美食，有人希望在那里发现投资的商机，有人想在那里多拍些照片发朋友圈，有人憧憬着在那里邂逅爱情，还有人觉得把所有的景点都走遍才算值回票价。到旅行的最后，假如所有人都到达了目的地，你说他们谁比谁更成功？是不是没有可比性？

旅行尚且如此，人生就更是这样。从来就没有一个统一的规则，去规定人一定要如何完成世间这趟旅行。法律只是规定了这段旅行的禁区，告诉你哪些地方不能去，它没有告诉你，你的旅行必须要按照怎样的流程进行。

如果硬要说人生有游戏规则，那这些规则也是由你自己定义的。你认为赚钱多算赢，认为身后留名算赢，认为儿孙满堂与家庭和睦算赢……都可以。人生的游戏规则由你而定，而且很可能在人生的不同阶段，你心目中的规则还在发生变化。

虽然很多人认识不到这一点，会以流行的成功学默认的规则来规定自己的人生目标，把人生看作一个比谁赚钱更多的游戏。然而，世界上仍然有很多人不认同这种规则，总有一些人相信，世界上有些事情和赚钱一样重要，也许更重要。既然人与人之间，连一个统一的可以进行比较的游戏规则都没有，那还怎么比？

人生没有统一的游戏规则，是人与人之间没有可比性的第一个原因。

存在各种隐藏参数

人与人之间没有可比性的第二个原因在于，大多数比较都包含了大量的"盘外招"和隐藏参数。

比如，在你所在的部门，原来的领导离职了，需要从现有员工中选拔一位新领导。本来你以为自己资历最老，绩效表现也最出色，升迁非你莫属，结果公司却提拔了一个比你年轻 5 岁的同事。在这个案例里，谁能被提拔成部门新领导，实际上引发了一场竞争。竞争的结果是，那位比你年轻 5 岁的同事胜出成了新领导；你输了，成了他的下属。

有果必有因，任何竞争的结果，背后都有原因，输家要么运气不如人，要么技不如人，要么运气和实力都不如人。如果用游戏化思维去拆解这件事的话，就是两个竞争者背后的运气和实力，都可以被细化成一项项的参数，包括运气也是一项参数，即幸运值。

你对竞争输掉的结果愤愤不平，是因为你只看到你比对方早 5 年步入社会这一项你占优的参数，至于对方的其他参数，你是不知道的。

对方也许出生在经济条件优越、父母见多识广的家庭里，上学时就知道选哪些专业更有前景、交什么朋友更好、参与什么社会活动和实习机会更有意义，他好像在一局游戏里提前知道了任务提示，也打开了地图迷雾，甚至开局就有"神装"；而你可能出生在信息闭塞的家庭，父母和身边的亲戚无法在许多方面给你提供支持，你不得不花费更多的时间理解这个社会的真实面貌。

对方也许性格开朗，朋友多，人际关系上的"流量"可能是你的许多倍。交往的人多了，他自然而然就能发现谁是他的人生"贵人"，也许在哪件事上，这些人就能帮扶他一把，而你干什么都得自己摸索。

对方也许工作比你更拼命，你在追剧玩游戏时，对方可能还在公司加班，被公司大领导看在眼里，早早就埋下了晋升的种子，而你对此浑然不觉……

总之，你只看到你比他多工作了 5 年，在和他竞争时，你只有这一项参数占优，但其他的参数处于劣势。如果你能用"上帝视角"看，就会发现，在这场升职竞赛里，你面对这样的对手，几乎没有获胜的可能，和对方的综合参数比起来，你差得较远。如果你真的理解了这一切，就不会把他视为直接的竞争对手，也就不会抱有在这场竞赛中胜出的不合理预期。

但问题是，在绝大部分情况下，你都不知道竞争者的隐藏参数。这就好像《三国演义》中"上将潘凤"的故事。

《三国演义》里，汜水关前，华雄耀武扬威之时，太守韩馥曰：

"吾有上将潘凤，可斩华雄。"结果潘凤被华雄秒杀[1]。韩馥对潘凤有盲目信心，是因为只看到了二人表面上的参数差不多，却没看到背后的隐藏参数差距有多大。

如果你是一个《三国志》游戏玩家，断然不会犯这样的错误。因为开了"上帝视角"的你已经知道，华雄的武力值是 92，而潘凤只有 77。

人与人之间的竞争比较，既没有一个统一规则，也没有一个严格的流程来限制使用盘外招，各种隐藏参数还不透明，那这样的比较、竞争，还有什么意义？

荒谬的不等式

人比人的荒谬，可以借助一个不等式来洞悉。

试想，已知 A1+B1 > A2+B2，那么能推导出 A1 > A2 吗？显然不能。人比人的荒谬，正同此理。

一般我们在将人与人比较的时候，都会用一些或明或暗的指标来进行比较，比如谁升职快、谁赚钱多、谁就职的公司更大、谁负责的业务更成功……这些指标的达成程度的确有高下之分，它们是可比

---

[1] 网络用语，指在极短时间内打败对手。——编者注

的。但问题在于，一个指标的达成程度，与背后无数的成功关键因素有关，如果把所有的控制圈和影响圈因素定义为 A1，把所有的不可抗力圈因素定义为 B1，那么一个人在某项指标上的综合表现就等于 A1+B1，另一个人的表现，就等于 A2+B2。

现在我们假设，一个人在某项指标上比另一个人更成功，以不等式的形式表达出来，就是 A1+B1 > A2+B2，从这个不等式里，我们就完全推导不出 A1 > A2。不仅如此，从这个式子里，我们其实推导不出任何结果，因为我们不知道 B1 和 B2 的大小。

从脱钩思维一章关于成功关键因素部分的论述中，我们已经知道，影响一件事成败的主要因素都在我们的不可抗力圈，B1 和 B2 是两个庞大的集合，我们不仅没办法直接量化比较 B1 和 B2 的大小，甚至连 B1 和 B2 分别包括哪些因素都无从得知。

更何况，在全览思维一章，我们也讲到过，指标本身只是一种人为设立的工具，它体现不出一个人所有的能力、贡献和价值。

所以，即便两个人在某一项指标的达成水平上的确有高下之别，那也说明不了任何问题，你的价值只和你自己有关，和其他人无关。

阿德勒思想启蒙读物《被讨厌的勇气》中讲到，人都是平等地走在一个没有坐标轴的平面上的。

没有坐标轴，就意味着没有刻度标尺，没有前或者后的概念，每个人行进的距离和速度各有不同，大家前进的方向也并不完全一致。

别人怎么走、走得快还是慢，跟你没有关系。你只要不断向着自己心中的前方行走即可，不需要与任何人竞争。如果一定要给自己找一个比较的对象，那也只应是从前的自己，今天的你比昨天的你更优秀，明天的你又比今天的你更接近你心中的目标，这样就够了。

这是一种比较违反我们直觉的解读世界的方式，但它的确是更加接近真实情况的版本，也是更有利于我们获得内心平静，有利于我们长远发展和提升幸福感的版本。

解读方式经过如此升级之后，我们需要自觉地提醒自己：人生不是竞争，你是谁只和你自己有关。

非争思维的适用范围

非争思维与钝感力的强弱，呈绝对正相关关系。个体的非争思维运用得越熟练，竞争意识就越淡薄，也就越不容易被生活中他人的进退得失扰动心境。但非争思维的运用，同样需要把握好分寸。

比如，那种无欲无求、无他无我、看破红尘、飘然遁世的类似出家人的生活态度，也不是阿德勒思想所鼓励和推崇的。

在资源充裕的社会中，持有这种完全非争的生活态度或许无大碍。但是在生活节奏紧张的现代社会，秉持这种态度可能会给你的物质生活带来困难。

比如，有人不希望自己的孩子从小被灌输一种崇尚竞争的观念，强调快乐育儿，强调孩子的自由天性，不要求孩子去刻意追求在文化课方面提前抢跑，也不在意孩子的学习成绩排名，更不苛求孩子一定要在才艺特长方面有什么突出表现。

这种想法本身没有错，但是在社会中就很容易导致这样的结果，在升学考试或者面试时，不"卷"的孩子与其他一路"卷"出来的孩子相比，显得竞争力较弱，最终只能进入那些公认不太好的学校。这些学校往往硬件条件较差、师资水平较弱、学习氛围不佳，各种问题层出不穷，这对孩子的成长显然不是一个有利的环境。

在成年人的世界里，情况更是如此。公司里的优质客户、优质项目、年终评优、升职加薪等，这些机会是要通过竞争来分配的。当所有人都在竞争的时候，一个不参与竞争的人就像在逆水行舟，不进则退。一个"佛系"的员工，面临的问题不仅仅是无法升职，他在职场上的相对排名也很可能会跌落到将被优化掉的末位去，进而面临职业危机。

现实生活中，如果一个人完全放弃了竞争，可能就会给自己、给家人带来很多生活上的困难。这种人的钝感力固然强得惊人，但这样过度的钝感力，并不利于我们追求幸福。

非争思维的应用分寸

非争思维应该怎样把握应用分寸呢？先说结论，可以概括为两句话。

第一句叫作：以不争之心，求有争之果。

第二句叫作：只借比较照镜子，不以成败论英雄。

先说第一句：以不争之心，求有争之果。

什么叫不争之心？就是宏观上，不把人生看作竞争；微观上，不把具体一件事看作竞争。哪怕你是在参加一场比赛，这件事虽然客观上是在竞争，但主观上也不要把它看作竞争。

怎么理解这一点呢？印度电影《三傻大闹宝莱坞》给了我们最好的诠释。

在印度的著名学府——帝国理工学院里，最好的专业是工程，而那一届工程系学生里，有两个人特别突出。一个叫查图尔，是一个非常崇尚竞争的人，不仅用功苦读，而且为了竞争排名可以做出任何事情；另一个叫兰彻，天资聪颖，而且痴迷于工程，但他做事从来不受条条框框的束缚，也不追求竞争排名。可一到考试，兰彻总能考到第一。

表面上看，这两个人都热爱学习，但其实他们的动机有本质的区别。查图尔的驱动力来自竞争排名，他是被竞争取胜的诱惑驱动才去学习的。假如有一天，学校宣布，工程类的课程只算兴趣课，不计学分、不考试、不算成绩，那么他的学习热情马上就会像一只气球被扎破一样消退。

而兰彻对工程的热情是完全发自内心的。他无论见到什么机械装置，都想着把它拆开，研究里面的构造，无论有没有考试排名，无论有没有他人的赞赏，都不影响他的这种热情，这就是所谓的"不争之心"。

对做事而言，"不争"不是"不做"。恰恰相反，像兰彻这样的人，可以把自己全部的脑力和精力资源投入事情本身，不会像具有"有争之心"的人那样，一边努力一边焦虑，比如去想"这次考不好怎么办，怎么对父母交差"，或者纠结"这次的竞争对手实力很强，怎么才能取胜"。这些念头都属于因钝感力太弱而衍生出来的杂念，都脱离了事情本身，会分散我们的注意力。

假设有两个智商和天赋完全一样的竞争对手，一个是阿德勒主义者，以不争之心从事自己热爱的事情，因此能投入百分之百的脑力和精力；另一个是竞争爱好者，一边努力一边患得患失，脑力精力的投入打了不知道多少折扣。在这样的竞争中，谁的胜率更高，是不是一目了然？

从主观动机来看，阿德勒主义者既"不争"，又"有争"。不争，是不把所做的事情看作和别人的竞争，完全靠自己对事情的热情来驱动；而有争是和自己争，希望提高自己的表现水平，同样是靠自己对事情的热情来驱动。当你对这件事的热情足够高，你在这件事上的胜率也就自然提高了。这就是以不争之心，求有争之果。

再说第二句：只借比较照镜子，不以成败论英雄。

任何新手在初学阶段，都需要借助外部的参照物来确认自己是否走在正确的道路上。如果单靠自己闭门造车，就无法知道自己的尝试是否正确。

所以，阿德勒主义者的不争之心，并不是完全不看别人，闷头做自己的事。人需要时不时看看外部，看看这个领域的高手在做些什么，通过与他们的比较，来确认自己的路是不是走对了，以及通过比较来获取新的灵感。

与他人的比较，只是我们自己的"后视镜"，而不是"发动机"。

比较的过程重要，但结果不重要，因为人的价值不能由比较来决定。真正的阿德勒主义者，因为已经做到了自我接纳，所以对自己的价值评估不会受竞争结果的影响。

小结一下，真正的非争思维，可以用两句话来概括："以不争之心，求有争之果"，和"只借比较照镜子，不以成败论英雄"。

接受并认真对待与自己的竞争，否定并抛弃与他人的竞争；以不争之心去从事自己热爱的事业，借助与外界的比较这面镜子，来校准自己的方向，从而收获有争之果。这就是阿德勒主义者对待竞争的态度，也是我们在钝感力和进取心这两点之间求得的平衡。

解除自我封印

自己加于自己的伤害是最不容易治疗的。

——莎士比亚

与莎翁的这句名言类似，自己加于自己的枷锁，是很难解除的。

在生活中，我们经常能看到因为受困于各种负面情绪而给自己套上重重枷锁的人。在这些人看来，自己当前的困窘处境似乎已经别无选择，"我只能这样"。

但其实，很多时候，人们并不是没有选择，只是因为过量的负面情绪遮蔽了可能的选项，他们就好像对自己施加了封印一样，让自己看不到选择其他回应方式的可能性。

在第二章和第三章中，我们主要围绕愤怒、沮丧这样的负面情绪，提供了很多种应对它们的思维工具。在这一章，我们将重点围绕内疚、恐惧、羞耻、尴尬等负面情绪，提供 4 种备选的思维工具，帮助大家看到，即使处于那些令自己非常困扰的情境中，我们也拥有选择不同解读方式和回应方式的自由。

09 量责思维:
伯仁并非因我而死

在脱钩思维那部分中,我提到过一句老话:"岂能尽如人意,但求无愧于心。"当遭遇打击挫折时,如果我们确实已经尽力、无愧于心,这句话将有助于我们缓解过量的负面情绪。

但假如,在挫折事件中,我们并没有做到"无愧我心",而是的确存在一定程度的过失呢?这样的懊悔甚至悲痛情绪,又该如何缓解呢?

从电影《驾驶我的车》说起

在日本电影《驾驶我的车》里,男主人公家福和女司机渡利,都有过悲惨的遭遇。

家福和妻子阿音之间存在严重的情感危机,却一直勉强维持着表面的和睦。妻子跟家福约好了晚上下班后要好好聊聊，看上去好像要对什么事情摊牌一样。家福不敢面对这场沟通，生怕它戳破夫妻之间表面和睦的幻象。当天色黑下来，家福明明没有什么事，却为了逃避，在街上漫无目的地开车闲逛，一直到夜色将深，估摸着能把这天的沟通拖过去才回家。可他到家时，却发现妻子昏迷在地板上——原来妻子已经因为突发脑溢血，错过了最佳抢救时机，不幸去世了。

女司机渡利，则有着另一个悲惨的故事：从小渡利的母亲就对她不好，经常打骂她。但有时母亲却又像是分裂出了另一个人格一般，对女儿表现出关爱的一面。有一天，母女俩在睡梦中遭遇山体滑坡，房子被埋。女儿渡利好不容易爬了出来，但她对废墟中埋着的母亲，却表现出了连自己都难以置信的沉默，她就那么一直看着自己的母亲，直至她失去了生命体征。

经历了这种生死大劫，家福和渡利都有着深深隐藏在心底的累累伤痕，但是表面上看起来，他们都是不苟言笑、比较沉默的人。只有到了彼此熟识，能够互相敞开心扉时，他们才不约而同地表达出自己的悔恨：亲人是被我害死的！

在现实中，也不乏类似的例子。

我曾经有一次去农村拜访亲戚，听说村头有一户人家，还是我的远亲，就发生了类似的事：家人为了给家中的老人治皮肤病，找了一位不知来自何方的游医。这位游医开了一剂不知道有什么成分的药，包装上写明了只可外敷。家人因为一时匆忙，忘了告诉老人药的用法。而老人又不识字，就糊里糊涂地把药喝了下去，结果不幸去世。发生了这样的悲剧，老人的子女深感自责和悔恨，很久都走不出来。

这样的心情，是人类在面对巨大悲剧时的正常反应，它是人们在遭遇悲惨变故时，由于认知失调而自发产生的一种心理机制。这种机制帮助人们从心理学上解释了，为什么会出现这样的意外。

公正世界现象

有一种常见的解释世界的模式，叫"公正世界现象"。这种理念相信，世界的运行有着一定的伦理法则：如果出现了某种好结果，就说明有人做了好事、善事；如果出现了坏结果，就说明一定是有人做了坏事、错事。可以说，一切坏事的背后都有它的责任人。

就好像我们看到一个人很穷，就会认为，要么是因为这个人被坏人打压算计导致他穷，要么是因为这个人不够努力导致他穷，总之，应该有一个人需要为这种负面状态负责。

在面对更大的意外灾难时，公正世界现象也是一种很容易出现的心理反应：当有人的亲人因为意外伤残甚至离世时，他就可能认为，这么悲惨的意外背后，一定有着一个责任人。如果他自己在其中有一些过失，除了自己又很难找到一个能够被追责的人，这个人就会容易把自己认定成这个意外的主要甚至唯一责任人。

在家福的例子里，家福认为，如果自己不在外面闲逛，而是早一些回家，当妻子出现症状时就能及时叫救护车，妻子就不会丧命，所以自己是妻子死亡的责任人。

在渡利的例子里，渡利认为，如果她能冲回废墟施以援手，也许她的母亲就能逃出生天，所以自己是母亲死亡的责任人。

在我农村远亲的例子里，儿女们认为，如果自己多提醒老人一句，这个药是往身上抹的，不能吃，老人就不会遭此意外，所以，同样地，自己是老人死亡的责任人。

这种心态，和一句在古装剧里出镜率很高的谚语很是接近，那便是："我不杀伯仁，伯仁却因我而死。"这种心态，作为一种勇于担当的高风亮节，本身无可厚非。但需要警惕的是，这种心态很容易"过量"，从而激发出太多的负面情绪，对自己产生一种禁锢作用。

越是高风亮节、道德感正义感强烈的人，越容易相信公正世界现象：总有人需要为坏事负责。

如果他们从"我不杀伯仁"的模式出发，将责任人认定成自己，就自然而然地产生了一个结论：造成了这么惨痛的后果，其责任人（我）罪不可恕，即使不能受到法律意义上的惩罚，我至少也不能让自己感到轻松、好过。

于是他们就不允许自己长时间地感到开心和快乐：即使稍稍经历

几天"阳光灿烂"的日子，也要立即让自己重新陷入阴霾，仿佛只有这样他们才能对自己这个"责任人"施以合理的惩罚，才能体现世间的公平正义。

这当然是一种过量的负面情绪，需要通过提高钝感力来化解。在这种场景中有一种非常合适的思维工具就是量责思维，简而言之——"伯仁"并非因我而死。

伯仁因谁而死

伯仁到底因谁而死呢？让我们暂时说回这个典故本身。

东晋时期有句名言："王与马，共天下。"

马，是皇室司马家族；王，是琅琊王氏家族，因为拥立司马睿建立东晋有功而一度权倾朝野。在琅琊王氏里，当时声名显赫、权势极大的两个人是王敦和王导，两人为堂兄弟，性情却非常不同。王敦领兵在外，善于用兵，性格跋扈，为一代权臣。他不把皇室放在眼里，有打着"清君侧"的旗号谋反的迹象。而王导在首都中枢当官，对皇室忠心耿耿。

当王敦起兵造反时，王导担心牵连同族，惴惴不安，几次三番想托当时的名士周顗说情。周顗，字伯仁，周伯仁忠君自爱，痛恨弄权反叛的王敦，很受皇帝的信任。不过周伯仁也有股名士脾气，为人非常高冷，不爱搭理王导。其实，周伯仁很能分得清善恶忠奸，知道王敦和王导虽然是堂兄弟，但二人的品性不能相提并论。所以，周伯仁在皇帝面前为王导说了不少好话，还专门上书进言担保王导，只是王导不知道而已。

后来，朝廷兵败，王敦攻进了首都，在和堂弟王导商议对众臣的处置时，谈到了周伯仁。王敦问王导：周伯仁这个人，能否担任三公①级别的高官？王导沉默不语。王敦又问：那次一级的官员呢？王导依旧不发一言。王敦接着问：干脆把周伯仁杀掉如何？王导还是不说话。最后，王敦下令将周伯仁处死。

不久，在清理朝廷公文时，王导才发现周伯仁进言的上书，知道在战乱期间自己一门能够平安，原来一直是周伯仁进言力保的功劳。于是王导老泪纵横，悔恨不已，发出了那句著名的叹息："我不杀伯仁，伯仁却因我而死。"

现在让我们站在局外人的角度来思考：伯仁到底因谁而死？是王导害死了伯仁吗？

答案当然不是，杀伯仁的并不是王导，而是王敦。当然，我们可以说，假如王导不是沉默不语，而是拼命为周伯仁说情，以王敦和王导的堂兄弟关系，很可能王敦看在王导的面子上，不会杀周伯仁。对

---

① 古代官职，指辅佐皇帝治理国政的三位最重要的大臣。东晋三公为太尉、司徒、司空。——编者注

于周伯仁的死，王导的态度是原因之一。

但无论如何，下令杀人的不是王导，执行杀人动作的也不是王导。在伯仁之死这个事件里，王导只占了很小一部分的责任。主责任人不是王导，而是王敦。

量责思维是对责任的量化

这样的分析思路，其实是一种对责任进行量化的思维。

我们在生活中经常会遇到量化思维缺乏的问题。就好像两件事情，各自有好有坏，但缺乏量化思维的人就会认为两件事没有本质区别，将其简单粗暴地归为"天下乌鸦一般黑"。但如果我们具备了量化思维，就会知道，两件事情好与坏的比例大不一样，怎么能被相提并论呢？就像鲁迅先生所言："有缺点的战士终竟是战士，再完美的苍蝇也终竟不过是苍蝇。"

当量化思维被运用到成功关键因素的分析中时，就是脱钩思维那部分讲到的胜利份额意识。而当量化思维被运用到责任分析中时，那就是量责思维：对于"伯仁"之死，到底有哪几方要负责任？分别负多大的责任？我们不能以一句笼统的"伯仁因我而死"糊弄过去。

泛泛地将责任归为"伯仁因我而死"，表面上是表现了当事人的高风亮节，其实对于悲剧事件于事无补，甚至有害，不仅容易额外增加当事人自己的负面情绪，还会让真正应该负主要责任的那个人逍遥法外。

相反，如果王导真正为伯仁的死感到痛惜，并且学会了量责思维，他就不难明白：导致君子伯仁之死的元凶，不是他自己，而是王敦！他会对王敦做什么我们暂且不论，至少，对于伯仁之死这个悲剧事件，他会更容易从自责内疚中走出来——换言之，他提高了在这个场景下的钝感力。

类似地，在同类场景下，量责思维也有助于当事人提高钝感力，从过度内疚自责中走出来。

在家福和阿音的例子里，有需要负主责的人吗？没有。

家福的妻子阿音之死的主要原因，是她的脑溢血病症，没有这个病，阿音就不会死。脑溢血的发生也许跟基因遗传家族病史有关，也许跟环境、饮食、工作压力有关。但在阿音之死这个事件里，家福的责任微乎其微，他既没有谋害阿音的主观故意，也没有刻意给阿音烹饪危害她的身体健康、可能导致脑溢血发作的食品，他没有主动去干任何坏事，几乎谈不上有什么责任。

而在渡利和母亲的例子里，有需要负主责的人吗？也没有。

渡利母亲之死的主要原因是山体滑坡，是自然灾害，属于不可抗力。这个灾难也许跟地壳运动有关，也许跟气候变化有关。但在母亲之死这个事件里，女儿渡利的责任谈不上大，她既没有谋害母亲的主观故意，也没有刻意让全家迁往地质灾害风险更高的地区，更没有在母亲被埋后落井下石。她没有主动去做任何坏事，仅仅是没有冒着生命危险冲进废墟抢救母亲而已。而且，就算渡利冲进废墟抢救母亲，当时她也只是一个小女孩，很难改写这个悲剧的结局，更有可能把自己的命也搭进去。在整件事中，渡利其实也谈不上什么责任。

到了这里，我们可以看到一个有悖直觉的真相：**世界上不是所有坏事的背后都有责任人。**

有的坏事，比如天灾降临，是没有责任人的。还有的坏事，虽然有责任人，但真正的责任人及其势力过于庞大，令人无法追究过问。当真正该负主责的真凶，能因资源优势逃离惩罚时，追责这件事，也就成了另一种形式的"柿子捡软的捏"——找不到别人，也不敢找别人为坏事的发生负责，就只有让本不该负责的自己来为"伯仁之死"背锅。

量责思维不是"甩锅"

"伯仁并非因我而死"这种量责思维，本质上就是在提醒自己：别背不该背的"锅"。有的朋友也许会产生疑问：但我在其中确实有过失啊，怎么判断自己该不该"背锅"呢？量责思维是不是很容易发展成"甩锅"？该怎么避免对它的滥用呢？

一个简单的辨别标准，就是看你的行为是否同时具备"三恶"。

所谓三恶，就是"恶心""恶迹""恶果"。

"恶心"，是坏心思，也就是有没有干坏事的主观故意。"恶迹"，是坏的行迹、行为，也就是你有没有主动执行过坏的动作。"恶果"，就是坏的结果。三恶如果同时具备，那你必定要对坏事的发生负主责；如果不同时具备，则很可能应该对坏事负主责的另有其人。

还是以"我不杀伯仁"这个事件为例，事件中王导的行为，属于没有恶心，没有恶迹，只有恶果。

王导本人没有杀掉伯仁的主观故意，他只是对此无所谓；王导也没有主动做过任何杀伯仁的坏行动，既没有进谗言，也没有亲自操刀，他只是沉默不语，不算恶迹。既无恶心，又无恶迹，所以他显然不该对伯仁被杀负主责。

假设王导有恶心但无恶迹，比如他看不惯伯仁，天天在家诅咒伯仁，却不敢有什么行动，直到最后有一天王敦把伯仁杀了。对于这种情况，王导要不要对伯仁被杀负主责呢？答案仍然是否定的。虽然在这种情况下，王导行为的性质，会比历史上的真实版本要恶劣一些，但应该对伯仁被杀一事负主责的，仍然是决策者王敦。

再假设，王导没有恶心，只有恶迹，比如他受王敦之托，给伯仁送了一盒点心，却不知道月饼有毒，最后伯仁被毒死了。在这种情况下，王导导致伯仁死亡，属于无心之失，他仍然不是主要责任人，案例仍然适用于量责思维。

再假设，王导三恶俱全，既想害死伯仁，又亲自下毒送了毒点心，最后导致伯仁中毒身死。在这种情况下，主要责任人毫无疑问是王导本人。这时量责思维就不再适用，如果用了，就是在"甩锅"。

不过话说回来，一旦一个人在做事时三恶俱全，那么他的品性本身就值得怀疑，想来这种人也很难为自己酿成的恶果而悔恨、内疚。因此从逻辑上讲，我们似乎可以反推出：如果你对某件自己负有一定责任的悲剧事件感到极其悔恨和内疚，那么你很可能不具备三恶俱全的条件，也就存在应用量责思维的空间。你应该做的，是找到悲剧事件发生的真正原因，避免让自己陷入过量的追悔、内疚情绪。

只有认清了悲剧事件背后不一定存在特定的责任人，掌握了量责思维，我们才能升级对悲剧事件的解读方式，提高对这种场景的钝感力。

往深一步讲，你不仅是提高了钝感力，而是建立了一种能更加科学精准地复盘事件的思维方式，这种思维方式在其他生活场景中也大有裨益。

就好像有的朋友虽然勇于担当，责任感很强，但也很容易有内疚感。换言之，他们特别会"揽锅"。

产品卖得不好，他们怪自己销售能力不行；被合作方临时放鸽子，他们怪自己沟通得还不够充分；孩子成绩不好，他们怪自己工作太忙没时间辅导；伴侣心情不好，他们也觉得是自己的错，是自己没办法让对方开心起来……他们很喜欢找自己的毛病。遇上事儿，他们第一反应总是"我是不是哪里做错了"，即便他们事前已经做好了备选方案，但遇到问题时还是会责怪自己的准备不够充分。他们经常被关在一个叫作"负疚感"的笼子里，动弹不得，还觉得是自己抗压能力不强……

当你又忍不住过度反思的时候，也需要用到这一节的量责思维。

把自己当作一个责任范围有限的个体，不是为了把"锅"甩给别人，而是为了看到问题的真相，卸掉不必要的内疚，这样我们才能轻装上阵，在下一次做得更好。

10 解绑思维:
吃了周粟又怎样

生活中，人们经常会面对各种纠结的局面，让人难以做出抉择。其中，有一种纠结的类型，近似于道德绑架，让人左右为难。

小事情和大意义

比如，你大龄未婚，而你的父母总是有意无意地说邻居老李家的大孙子多么可爱，老李多么幸福，暗示你赶紧相亲，结婚生娃。但你此时没有这个打算，于是就陷入纠结：听父母的呢，自己心有不甘；不听呢，又隐隐怀疑自己是不是有点自私，对不起父母。

再比如说，宴席上有人向你劝酒。对方说了："你不干了这杯，就是瞧不起我，不给我面子。"你生性不爱喝酒，遇上这种场合很是头痛。如果硬喝下去，你自己难受不说，而且可以预料，对方也不会善罢甘休，劝完这杯必然会接着劝下杯，更别说对方还有一大批跟班小弟尾随其后。劝酒一旦开了头，就没有中途停下来的道理，不把人撂倒在这酒桌上，就绝不算完。但如果你坚持不喝，又怕得罪了对方，弄得不欢而散，你跟对方的关系也就走到了尽头。

每个人都遇到过类似的情形：有一些本来很小的个人选择问题，却不知怎么地被与一些宏大的意义联系在一起，让问题变得敏感起来。

就好像，这个相亲对象要不要见，这杯酒要不要喝，本来都是小事。就事论事的话，这些事你喜欢就做，不喜欢就不做，没什么可纠结的。

但一旦它们结合了某种社会观念下的"大义"，人就很难靠自己本心的喜恶来做决策，而被搞得顾虑重重，焦虑不堪。一部分人甚至会因为纠结于小事情背后的那些大意义，成为道德绑架的受害者。

如果你在生活中感受到类似的困扰，希望针对性地提升在此类情境下的钝感力，那你就很需要学习解绑思维。

"过绑思维"是解绑思维的反面

这一类情境，我们可以将其概括为"类道德绑架情境"。其特点就是在细碎的小事之上附着了太多社会文化的意义，让"小节"与

"大义"被强行绑定在了一起。

就好像见不见相亲对象的选择与对父母的孝道绑定，干不干一杯酒的选择与对对方的尊重绑定，你被捆绑在小事情上的大意义束缚，因此在面对小事时变得纠结万分，进退两难。

这种绑大义于小节的思维方式，是一种对世界的错误的解释风格，它是解绑思维的反面，可以被称为"过绑思维"。

好比"不食周粟"的典故：周武王灭商以后，商朝遗老伯夷、叔齐忠于旧朝，不愿意在新朝当官，甚至"义不食周粟"，也就是不吃周朝的粮食。最后，他们饿死于首阳山，这个故事也成为千古美谈。

这个典故细细推敲起来，是很有问题的。伯夷、叔齐忠于旧朝，这本无可厚非，毕竟人各有志，可以理解。但忠于旧朝，只要不出来当官就好了，为什么要把它跟吃饭这种简单的问题绑定呢？

而且伯夷、叔齐对这个问题的看法是，只要时代到了周朝，天下出产的粮食就都算是"周粟"，哪怕一个闲散野人自己种出来的粮食，也被算作"周粟"，如此一来，吃饭就等于吃"周粟"，吃了"周粟"就等于抛弃了旧朝，臣服于周朝。从本章的角度看，伯夷、叔齐的看法犯了两次过度绑定的错误，一个简简单单的吃饭问题，却被附加了这么多宏大意义。

一些教育理念也在鼓励人们将"小节"与"大义"过度绑定，其影响流传至今。

如果我们分析得更深入一些，就会发现这种思维方式中隐藏的诸多弊端。

将小事情与大意义过度绑定的行为，换个说法，就叫作"上纲上线"。

好像有人在酒桌上劝酒时会这样说："你必须得干了这杯酒，否则就是不给我面子。"这种话，领导对下属可以讲，客户对乙方可以讲，但反过来却不行。如此一来，我们就会发现，无论是将小事情与大意义过度绑定，还是上纲上线，它并不是一条公平通用的规则，而是成了服务上位者利益的潜规则。上位者在需要的时候，就拿出这套规矩"敲打"别人，不需要的时候就换一套规矩，其标准非常灵活。

认识到过绑思维的这一本质后，我们就需要有针对性地练习解绑思维，更新自己对这些情境的解读方式。

一码归一码

所谓解绑思维，就是将小事情与大意义解绑，让它们一码归一码。

就像伯夷、叔齐忠于商朝，只要做到不去周朝做官就好了。对商朝忠不忠心，和吃饭毫无关系，这二者需要解绑。

伯夷、叔齐对于"不食周粟"，正确的解读方式是：第一，我吃的粮食是自己种的，并不是所谓的"周粟"；第二，我就算吃了周朝王室的官田里种出来的周粟，也是我自己拿钱公平交易买来的，并不代表我故意接受周朝的礼遇恩赐，更不能代表我对商朝不忠心。

再比如父母催婚这事，需要将不结婚和不孝顺这两点解绑。我没结婚不是因为我存心不想让父母抱孙子，而是因为我还没遇到合适的人，如果勉强和不合适的人结婚，我不幸福，生活鸡飞狗跳，父母也得跟着操心。所以我必须对自己的人生负责，让父母少操心，这才是真正的孝顺。

不喝酒和不尊重人，同样需要解绑。我尊重你，不等于我要服从你所有的命令，更不等于我一定要喝这杯酒。我不喝酒只是因为我不想喝，和你这个人没关系，和是不是尊重你更没关系。而那些喝了酒的人，也未必尊重你这个人。

我没有做出符合你期望的选择，不是因为我不尊重你，而是因为我们的解读方式不一样，我看出了你的期望和你绑定在小事情上的大意义完全没有关系，我只是做了我认为正确的事情。如果你因为我的选择，就大骂我没情义、不孝顺、不给你面子，那是你的解读方式出了错，是你的问题。

这就是解绑思维的真义，它与《被讨厌的勇气》里的课题分离思想高度共通。小事情与大意义，它们各自是独立的课题。你的期望与我的选择，则是你与我各自的课题，你既不要把自己的期望强加于我，更不必用大意义绑架我。

习惯了这种解绑思维，我们就能一眼看出那些"类道德绑架情境"中的逻辑破绽，甚至洞悉对方的不良用心，勘破真相，也就能够不为那些似是而非的大意义所迷惑，心中减少纠结，自然能提升在这些情境下的钝感力，从而做出更符合自己利益的选择。

实践解绑思维的抓手

解绑思维的训练，同样可以从填空练习开始。

当我们遭遇"类道德绑架场景"，感觉十分为难的时候，可以对下面这句话进行填空：

___外界对我的某种要求___ 让我感觉非常为难，我担心如果不能满足这种要求的话，会产生___某种后果___。

在这个填空练习里，重点是后一个空，也就是要看这种后果是不是属于道义、人情层面的后果；如果是的话，就需要运用解绑思维，来检查这一情境。

___母亲让我去见这个相亲对象的要求___ 让我感觉非常为难，我担心如果不能满足这种要求的话，会产生___令母亲感觉我不孝顺的后果____。

____领导让我干了这杯酒的要求____让我感觉非常为难，我担心如果不能满足这种要求的话，会产生____令领导感觉我不尊重他的后果____。

____让自己忍饥挨饿的要求____让我感觉非常为难，我担心如果不能满足这种要求的话，会产生____感觉自己不忠诚于商朝的后果____。

在这些填空练习中，你会发现，后一个空中填入的后果，都是与人情、道义这些比较大而虚的意义有关，这种时候你就需要警惕，它们有没有在将小事情与大意义捆绑。在多数情况下，你会发现确实如此。解绑思维在这些场合就像是一把利器，它帮助你提升面对这类情境的钝感力，让你能够做出符合自己需求和利益的选择。

解绑思维的适用范围

接下来又到了朋友们熟悉的分析适用范围的时间。解绑思维有没有适用范围，有没有被滥用的风险呢？

答案自然是肯定的。解绑思维和钝感力，这二者之间是绝对的正相关关系。解绑思维用得越充分，人的钝感力就会越强。但人生的课题并不是只有钝感力，如果过度使用解绑思维，就会伤害到人生的其他课题。

解绑思维的应用，在某种程度上类似"被讨厌的勇气"。

当我们应用解绑思维时，就已经做好了课题分离的思想建设，也做好了不被对方道德绑架、不满足对方期望，从而导致被对方讨厌的心理准备。如果解绑思维被滥用，就会出现如同被讨厌的勇气被滥用一样的后果，那就是动辄课题分离，把自己的人生活成"单机版"。

把自己的人生活成单机版的危害，我在从前的"被讨厌的勇气：阿德勒心理学容易被误读的 24 个真相"课程里有详述，这里不再重复。在这里，除了继续提醒大家注意"课题分离不是人际关系中的先手技能"，我们还需要首先用非敌思维来看待"类道德绑架情境"。

非敌思维部分的副标题是：日食并不是月亮要跟我们作对。这句话的意思是，生活中，当我们感受到敌对的信号时，可以先假设对方没有敌意，这种敌意，也许只是来自对方在沿着自己的轨迹运行时，恰好来到了阻碍我们的位置。

具体到"类道德绑架情境"下，我们仍然可以首先使用非敌思维。

要知道，这种情境背后的过绑思维，已经是一种根深蒂固的社会观念，是许多人思维方式的默认配置。虽然它的确是一种错误的解读方式，但不代表每一个持有这种解读方式的人都对我们有敌意。也许对方的言行举止本来是出于善意，只是受到这种错误解读方式的影响而不自知，致使你产生了受到道德绑架的感觉。

在这个时候，我们应该做的不是回以敌意，而是应该与对方正面沟通，表达清楚小事情和大意义本不是一码事，需要解绑，还要表达清楚自己的立场、诉求，以及自己并无意冒犯忤逆对方的本意。

一个很好的正面案例，就是电影《三傻大闹宝莱坞》中的法罕。

法罕是印度名校的工科学生，虽然家境平平，但他从小被父亲寄予厚望。父亲希望他将来能当一位受人尊敬的工程师、光耀门楣。可法罕对工科学习不得要领，成绩在班里始终排名倒数，而他对摄影却有着发自内心的热爱。法罕毕业时，父亲斥重金给他买了一台崭新的笔记本电脑，希望助力儿子的工程师生涯。但法罕早就联系上了一位远在欧洲的知名野生动物摄影师，并拿到了这位摄影师的助理岗位offer[①]。

面对父亲望子成龙的殷切心情，法罕进退两难。他最后终于在好友兰彻的鼓励下，鼓起勇气与父亲正面沟通，层次清晰地表达了自己的想法：第一，他不擅长学工程，他在工程这一行学不好也干不好；第二，他的兴趣和特长都是摄影，他在这一行一定能干得出色；第

---

① offer：在中文里没有准确的译名，可以近似理解为，一份旨在"通知某位求职候选人成功通过笔试和面试，并且提供相应的职位和薪资组合以邀约该候选人入职"的、不具有强制法律意义的正式书面文件。

三，他完全能够理解父亲对儿子的殷切期望；第四，他虽然不打算遵从父亲对自己职业生涯的规划，但不代表他不爱父亲。

电影里的法罕经过这次沟通，让故事迎来了一个美好结局。父亲起初很难接受他的选择，但最终还是尊重了儿子的想法，退掉了笔记本电脑，改为购买相机，以支持儿子的梦想。法罕也在多年之后成名，并拥有了成功的职业生涯。

抛开电影回到现实，以常理和人性来分析，当我们面对此类情境时，也需将解绑思维和非敌思维并用，与对方进行善意的正面沟通，帮助对方认识到，小事情与大道理理应解绑，帮助对方将解读方式升级成正确版本。假如对方的言行原本是出于善意，理解我们的可能性便会大增；如果对方本来就对我们怀有恶意，或者实在无法沟通，届时再行课题分离也不迟。

11 落靴思维：
没出场的怪物最恐怖

在进入本章的内容之前，首先请大家先思考一个商业问题。

假设有一家公司，一直以来，关于它都有一些不好的传言，比如其操作上有违规之处，可能面临巨额的监管罚款。有一天，这个传言成真了，红头文件公示出来，这家公司真的被罚了不少钱。那么，这家公司第二天的股票行情会如何变化？

稍微关注一点股市的朋友，很容易就能猜到：会上涨。

这奇不奇怪？公司有不好的消息爆出来，股票竟然不跌反涨，其中有什么道理呢？

这就是商业领域中的"利空出尽"：在消息不确定的时候，投资者会有恐惧心理，不知道未来会出现什么不利的消息，所以都会持谨慎观望的态度。但当消息一出，不确定变成了确定：只是被罚款，并不影响这家公司整改后继续运转。因此，投资者不再恐惧，市场预期转好，股价自然会上涨。

没落地的靴子最可怕

商业领域的这种"利空出尽"的现象，就像是"另一只靴子落了地"。

大家应该都听过关于"靴子落地"的故事：有两个人，分别住在楼上楼下。住在楼上的是个年轻人，每天回家很晚，脱鞋时还总是把两只靴子重重摔在地板上，导致住在楼下的老人夜里睡觉时经常被靴子落地的"咚咚"两声吓醒。于是，老人就找年轻人抗议，年轻人也虚心接受，答应老人以后轻点儿脱鞋。

有一天，年轻人忘了这回事，进门时习惯性地把一只靴子重重摔在地板上之后，才想起来老人的抗议。于是，他就小心翼翼地把另一只靴子轻轻放在了地板上，没有发出声音。

结果呢？老人当晚竟然一夜没睡，原来他被第一只靴子吵醒以后，一直在等第二只靴子落地。因为老人心想：等两只靴子都落地了，不会再有声响吵醒自己了，就能睡个好觉了。谁知老人等啊等，等了一夜都没等到另一只靴子落地。

老人提心吊胆地等待另一只靴子落地的心情，就像我们看电影时等待怪物出场的心情。一个怪物在什么时候最吓人呢？不是它出场和主角大战几百回合的时候，而是在它还没有出场，我们担心它会不会出现、万一出现了怎么办的时候——**不确定的恐惧，才是最吓人的。**

"靴子落地"虽然很可怕，但更可怕的，是"不知道靴子会不会落地"。这种不确定性，常常激发我们过量的恐惧和焦虑情绪，把我们困在想象的牢笼中，让我们什么都做不了。

比如，人们会担心自己在辞职以后再也找不到工作。收入断了怎么办？与社会脱节了怎么办？万一再也达不到现在这么高的收入了怎么办？在这种既厌倦现在又恐惧未来的恐慌之下，人们就会丧失行动力。这种状态下的人们，既不会去招聘网站上了解市场上的公司都想招什么样的人，也不会激励自己利用业余时间去掌握一门新的技能，只会整日忧心忡忡，靠刷手机、打游戏来麻痹自己。

再比如，人们会担心别人不喜欢自己，如被同学或同事排挤。许多人可能有过这样的想法：他们几个人原本有说有笑，但是我一进去，就没人说话了，他们是不是在说我坏话？这种事情，又没有办法直接去问别人："喂，你们是不是不喜欢我？"怎么确认自己有没有被排挤呢？这种状态下的人们，只好通过捕捉一个个细微的眼神、语言等细节，自己在心里翻来覆去地猜测，不敢相信别人的好意，又无法放过可能的恶意，最后变得郁郁寡欢，在人际交往中背上沉重的包袱。

人们该怎么减轻这类不确定带来的过量恐惧和焦虑情绪，提升在这种情形下的钝感力呢？怎么让自己在害怕的同时还能行动起来，而不是被困在原地，什么都做不了呢？

假设事实 X 真的发生

这就是本章要讲的落靴思维——让另一只靴子落下来，假设我们担心的事情已经发生了，把不确定变成确定，这种不确定的恐惧对我们情绪的刺激系数就会降低。

我们的恐惧，归根结底可以被当作一种让我们感到强烈负面效用的事实 X。

比如"辞职后再也找不到工作，只能坐吃山空"，或"别人不喜欢自己，导致自己被孤立"，这样的事实 X 常常会让我们有"后果不堪设想"之感。但要想缓解这种恐惧，我们就要把"不堪设想"变成"堪设想"。所以，我们不妨认认真真地设想一下，假如事实 X 真的发生了，会怎样。

这种设想，通常会引出两种结论：第一，经过逻辑推演发现，事实 X 太荒谬了，不可能发生；第二种，事实 X 并不是小概率事件，真的有可能会发生。

我们先来看第一种：经过逻辑推演，发现事实 X 很荒谬，不可能发生。

以"辞职后再也找不到工作"为例，如果我们恐惧的事实 X 是：我要是没有了收入，且钱花光了怎么办，会不会饿死？那么凭常识，我们也不难想到：在现代社会，只要没有特大规模的灾难，想饿死一个肢体健全的人是很难的。我们毕竟已经工作了许多年，有了一些积蓄，自己也有手有脚，有劳动能力，如果我们这样的人直到花光了积蓄都找不到下一份工作，要面临饿死的局面，那么比我们还要穷的那些人又该怎么办呢？整个社会岂不早就乱了秩序？这种事情太荒谬了，不太可能发生。

经过这种逻辑推演，我们就会发现，"辞职后再也找不到工作导致自己饿死"，这个事实 X 根本不可能发生，如果整天为这种不可能发生的事情而担忧，岂不是太可笑了？想到这里，我们就能安心不少，这种恐惧情绪自然也会减轻。

这样的设想看似荒诞不已，但实际上是有意义的。因为在设想事实 X 的过程中，我们的参照物已经在不知不觉中发生了转移。

设想之前，我们的参照物可能是那些职场上顺风顺水的同学或同事们，以他们为参照物，我们就会觉得他们一个个都混得很好，想到自己失业，没了收入，就会产生过量的焦虑情绪。而设想之后，我们就会把事实 X 当成参照物：既然怎么折腾都不至于饿死，那么无论是继续现在的工作还是冒险辞职，都没太大关系。这时，我们的心态就会稍稍缓和一些。

这就是"假设事实 X 已经发生"会引出的第一种结论：经过逻辑推演，我们发现事实 X 很荒谬，不可能发生。既然我们担心的事不可能发生，那么就没必要恐惧。

接下来我们再看"假设事实 X 已经发生"这种设想会引出的第二种结论：事实 X 不是小概率事件，它真的有可能发生。

以"别人不喜欢自己"这件事为例，我们恐惧的事实 X 是：万一我被大家孤立了怎么办？这种事情可能真的会发生。那我们不妨继续推演下去：假如你的室友、同事真的不喜欢你，你该怎么办？

结果，你可能会发现，他们喜不喜欢你，对你来说根本无关紧要。

虽然大家现在是同学，同居一室，但是毕业后，你们就天南海北，各奔东西，从此再无交集了。他们的"不喜欢"，只能影响你在这个宿舍时的心情，根本影响不了你未来的工作、生活和社交。即使你就是害怕孤独，想要交朋友，也可以参加社团或其他各种活动，在这个宿舍之外找到有共同话题和兴趣的朋友，不一定非要和这些室友搞好关系。而假如你现在有更重要的事情要忙，比如要准备考研，那么他们不喜欢你这个事实 X，甚至对你来说还是一件好事。你不用把时间花在人情往来上，可以更好地完成考研这个目标。

我们还可以回想一下自己之前类似的经历。比如，可能你在初中时期，也曾经害怕被某几个同学抓立，发现他们不带你玩时，感觉天都要塌了。但在上高中、考上大学之后，他们的态度对你的影响力好像莫名其妙地消失了。现在，再回想起当时的患得患失，你也许会觉得实在没什么必要。

总之，经过逻辑推演和回想过去类似的经历，我们就会发现，这个事实 X 即使真的发生了，也并不可怕，这种恐惧情绪自然就会减弱。

但还有一种情况要更复杂一些，那就是事实 X 大概率会发生，并且它也不是无关紧要的，我们依然非常在乎它。在这种情形下，我们的恐惧情绪又该怎么处理呢？

比如"辞职后再也找不到工作"这件事，假如我们恐惧的不是会饿死，而是找不到比现在收入更高的工作，原来每个月挣 2 万元，以后每个月却只能挣 5000 元，原来的职位是总监，以后就只能当基层员工……这种情形，真是想想就很可怕。

我们远比想象中更坚强

先说结论：对于这种情形，"假设事实 X 已经发生"的方法，依然可以降低它对我们情绪的刺激系数，提升我们在这种情境下的钝感力。

其背后的原理，是心理学上的"影响偏差现象"和"适应水平现象"。

"影响偏差"，是指我们总是会高估一件事对自己情绪的长期影响。比如，你在竞争一个非常重要的岗位，这时你会觉得：如果成功得到了这个岗位，自己会非常快乐，如果没能得到这个岗位，自己就会特别痛苦。

但实际上，心理学家通过对一些或成或败的岗位竞争者的跟踪调查发现，几年之后，那些没有得到岗位的人和得到岗位的人，几乎同样快乐。有没有得到岗位，对这些人长期情绪的影响，几乎是微不足道的。

换句话说，就是人们会高估自己情绪的强度和持续时间。

实际上，好事没有我们想象中的那样，会让我们高兴很久，坏事也没有我们想象中的那样，会让我们痛苦很久。

这是因为，当一件事对人们很重要的时候，人们就会过度关注这件事对自己情绪的影响，从而高估当前这件事对自己情绪的影响程度，而忽视其他事情的影响。

此外，人们常常会忽视自己心理免疫系统的能量。

像重伤重病、分手、高考落榜、失业等重大挫折发生的时候，大部分人的心理免疫系统会被激活，让我们变得比自己预期中更坚强。并且，越是遇到重大的消极事件，人们痛苦的持续时间反而更短。

因为心理免疫系统就像汽车的安全气囊，轻微的急刹或撞击不会激活它，只有在重大事故发生时，它才会显出存在感。在重大消极事件面前，我们的心理免疫系统会通过合理化策略、看淡、原谅和限制情绪创伤这些防卫机制，让我们更快复原。

我们现在之所以觉得"找不到收入更高的工作"这个事实 X 令人特别恐惧，是因为其中的不确定性放大了我们的恐惧感，是不确定的恐惧把我们卡住了，而不是这个事实 X 把我们卡住了。实际上，当它真的发生时，因为心理免疫系统的存在，我们所感受到的打击反而没有想象中的那么大。如果我们能在挫折发生时控制住自己的焦虑水平，让自己处于唤醒状态，进入最佳表现区，反而会生出勇气，被激发出自己从未想象过的能量，帮助自己渡过难关。

同时，当事实 X 真的发生时，"适应水平现象"也会帮助我们更快适应这个事实。什么是适应水平现象呢？就是同样的信息，对人类情绪的边际刺激系数递减。

通俗地说，就是人类适应环境的能力非常强大。一件事无论好坏，在它刚刚发生的时候，它也许会让我们情绪产生巨大的波动，但一段时间之后，我们就会对它习以为常。同样的信息，在被时间冲刷之后，对我们的情绪就很难造成过大的影响。

比如，你刚刚升职加薪的时候，可能会开心、激动得睡不着觉；三个月之后，你就会对新的职位和收入水平习以为常，对现状也不会感到那么激动了。

再比如，你刚刚失恋的时候，可能伤心欲绝，感觉失去了对方，生活毫无乐趣可言，不知道自己今后要怎么活下去；但几年之后，你也就该结婚结婚，该生子生子，虽然回忆到失恋一事，还是会被激起情绪的涟漪，但情绪强度与当时完全不可同日而语。这些都是"适应水平现象"在日常生活中的体现。

所以，就算是那些设想中让我们很恐惧的事，在我们真的身处其中时，它的威力也会变得越来越小，变得不再那么可怕。

基于适应水平现象的原理，我们会发现，再可怕的事，只要多在头脑中做几次它实际发生的思维演练，也就变得没那么可怕了。就像一个超级恐怖的怪物，如果你一直不敢直视它，天天躲着它，就会永远感觉它特别可怕。但如果你天天看着它，甚至和它朝夕相处，便会觉得它也不过如此。

最后总结一下，本章所讲的落靴思维，其核心要义就是改变我们对恐惧的解读方式，通过在脑海中做思维演练，我们就能把让我们恐惧的不确定变成确定。

具体的方法，就是"假设事实 X 已经发生"。这种假设，可能让我们发现事实 X 很荒谬，根本不可能发生，没必要为它担忧；也可能让我们发现，即使事实 X 发生了，也没什么可怕的，它对我们的影响力没有那么大，我们可以适应它。如果能以这样的方式让另一只"靴子"趁早"落下来"，我们也就不至于像楼下那个彻夜未眠的老人一样，只能困在原地，什么都做不了了。

实践落靴思维的抓手

落靴思维的训练，也可以从一个填空练习开始。这个填空练习非常简单，那就是：

大不了＿＿＿＿＿＿＿＿＿＿＿＿＿＿＿。

把你恐惧的事实 X 填进去，比如：

大不了<u>不做这份工作了</u>；

大不了<u>我送外卖、开网约车去</u>；

大不了<u>不结婚了</u>……

通过这种练习，你可以先让自己获得一种勇往直前、临危不惧的豪迈心态，以解除恐惧忧虑情绪对自己的"封印"，然后再来好好思考，当前可以采取什么行动来对抗风险，从而切实降低你所恐惧的事实 X 发生的概率。这才是我们应对困境、险境之道。

12 快闪思维：
别人并没有那么在意你

　　在网上我们经常能看见有人说自己"尴尬癌要犯了"，甚至有些时候，在观看影视剧时，当我们看到剧中的角色做出一些失当的举止时，也会替剧中人感到"尴尬癌要犯了"。

　　尴尬，是我们很容易遭遇的一种过量情绪，尤其是在广场型浅度社交的场合中。容易感到尴尬的人，经常会在人多的社交场合感到无所适从，似乎稍不留神，自己就会失礼失仪，感觉似乎所有人都在注视着自己，然后满脸通红，浑身发烫，恨不得找个地缝钻进去。

　　如果有过几次这种遭遇，他们渐渐就会对广场型浅度社交产生畏难情绪和回避的倾向，慢慢给自己贴上"社恐"的标签，从而真的越来越逃避参加这种社交场合。

　　接下来我们就来聊聊"尴尬"这种情绪，以及能够化解过量尴尬情绪的崭新解读方式。

广场型浅度社交

让我们先从广场型浅度社交这种社交场合说起。

什么是广场型浅度社交呢？它通常包括两类情形。

第一类是，虽然你面对的人很多，但基本都是陌生人，谁也不认识谁，你只是一个淹没在人群中的路人。比如在图书馆看书、在商业步行街逛街、坐地铁上班、参加线下商业展会等，都属于这类情形。

第二类是，你要面对的人同样很多，且也许你和这些人互相认识，虽然你需要在这些人面前展示自我，但你不是这个场合的绝对主角。比如，同学聚会时一起唱歌、入职新公司时和其他新人一起向大家做自我介绍、在公司大会上发言等，属于这一类情形。

在这些广场型浅度社交的场合中，因为在场人数众多，所以我们一般会尽量避免做"出格"的事，免得被别人指指点点。一旦发现自己的行为举止和这个环境不相宜，或者发生了某种失误，我们就会产生过量的焦虑、紧张和尴尬的情绪。

比如，当你去买鞋，试鞋时一脱鞋子，发现袜子不知道什么时候磨出了一个大洞，大脚趾赫然露在外面。看着店里来来往往的店员和顾客，你顿时感到很尴尬，心想大家一定都看到了你的破袜子，觉得你很邋遢。

或者，你早上起晚了，赶着去上课时，仓促间抓了一件 T 恤套上。等你到了教室才发现，这件 T 恤上印了个令人尴尬的图案。穿着这件 T 恤的一整天你都坐立不安，觉得同学们肯定都在暗暗嘲笑你。

又或者，你在酒店大堂边走边想心事，突然"咣"一声，额头撞上了前面的玻璃门，你不由得捂着头哀号，行人们纷纷侧目。你感觉自己实在太蠢了，时隔几个月还能想到当时的尴尬……

要调节这类场景下过量的焦虑、紧张和尴尬情绪，同样需要从解读方式入手。

我们之所以会对自己在广场型浅度社交场合的失误过度敏感，是因为我们认为自己是广场的中心，别人总是时时刻刻关注着我们的一举一动，一旦我们的行为举止有失误，别人马上就会注意到，并且久久难以忘怀。

这一点，类似于本书之前非敌思维一章中讲到的，我们常常以为自己是星系中心的那颗恒星，他人都是围绕自己转的行星。

但这是对人际关系的错误解读方式，当错误偏向于"敌意"的时候，我们就会落入日食陷阱，把别人无意的冒犯当作在故意针对我们；而当错误偏向于"关注"的时候，就是心理学上的"焦点效应"：人们往往把自己看作当前环境的中心，高估别人对自己的关注程度。

焦点效应和透明度错觉

焦点效应这个心理学概念首创于 1999 年，由季洛维奇、梅德维克和萨维茨基这三位研究者联合提出。他们做了几组实验，其中最有名的一组是，他们请康奈尔大学的一些大学生穿上一件有点令人尴尬的 T 恤，这件 T 恤上面印着一位摇滚歌手的大头像。这位摇滚歌手在康奈尔大学比较不受欢迎，所以穿着这样的衣服会令参与者感觉比较尴尬。

然后，研究人员让参与者去一个房间里逛一圈，待一会儿。房间里面有几位观察者，也是康奈尔大学的学生。等参与者从这个房间出来后，研究人员问参与者："你估计刚才房间里有多少人注意到你穿了一件这样的 T 恤？"之后又分别问那些观察者："你还记得刚才进来的那名同学身上穿的 T 恤上的图案是什么吗？"

结果很有意思：就平均数据来看，穿 T 恤的学生认为有一半的人注意到了他们身上这件令人尴尬的衣服。但实际上，真正注意到这件衣服的观察者不到观察者总数的四分之一。这个研究的结论是：我们倾向于以为自己是广场型浅度社交场合的焦点，而实际上，注意到我们的人并没有那么多。

你看，我们自己在无谓地焦虑紧张时，实际上大部分人根本没注意到我们！这种事情在我们的日常生活中经常发生。

比如，你心血来潮想去换个新发型，结果理发师手艺欠佳，剪得有些不如意。你心想，明天一上班，同事们肯定就会发现你的头发被剪坏了。结果过了一周，才有同事发现你的发型好像有点不太一样了，但又说不上来哪里不一样，让你哭笑不得。

并且，这种高估别人对自己关注度的现象，不仅体现在我们外在的衣着、发型上，也同样会体现在我们的情绪上。

这就是和焦点效应高度相关的另一种心理学现象，叫作"透明度错觉"，即人们总是高估自己情绪的外露程度。

因为我们总是对自己的情绪高度敏感，所以会想当然地认为，别人也能感知到我们的情绪，就好像我们是透明的，让人一眼就能看到底一样。

但实际上呢？别人可能根本不知道我们有什么情绪。

以紧张情绪为例。当我们在观众面前讲话时，常常感觉心跳加速、额头冒汗、双手发麻，声音也在微微颤抖，我们能感知到自己很紧张，并且相信在场的观众们也都会注意到自己很紧张。

但实际上，观众可能根本没发现你有多么紧张，或者认为你只是有一丁点紧张而已，没有你自以为的那么严重。

在焦点效应提出的 4 年以后，也就是 2003 年，心理学家萨维茨基和季洛维奇又做了一组关于紧张情绪的透明度错觉实验。

他们邀请了 40 名康奈尔大学的学生来到实验室，将他们分成两人一组进行实验。两个受试的学生一个站在台上，另一个坐在对面，研究者会给出一个话题，让台上的学生讲三分钟，另一个人当听众。然后两个学生会交换位置，让原先是听众的那个人演讲三分钟，原先的演讲者则变成了听众。两个人都演讲完之后，研究者会让他们对自己和同组同学的紧张度进行评分，评分范围从 0 到 10，0 表示一点也不紧张，10 表示非常紧张。

结果表明，受试学生给自己的紧张度的打分平均是 6.65 分，给同组同学紧张度的打分平均是 5.25 分。

也就是说，人们都认为，自己在演讲时更紧张，并且同伴也发现了这一点。但实际上，同伴认为你不紧张，他才紧张。

焦点效应和透明度错觉告诉我们，别人根本没有我们想象中的那样关注我们。大家都忙着关注自己，根本不会注意到我们的行为举止有什么失误。即便真的有人注意到了，也很快就会忘记。别人的大脑内存，不会用来长久保存我们的丑态。

在他人的世界里，我们就像是一瞬即逝的流星。我们的言行给他人的冲击，以及他人对我们的观感，就像"快闪"一样，来也匆匆，去也匆匆。因此，对于在浅度社交场合的失误，无论是广场型浅度社交，还是透明度错觉实验中那样一对一的浅度社交，我们都没必要太过焦虑。

因为在浅度社交中，别人不会花那么多时间和精力来了解你，他们只能凭着一点浮光掠影的肤浅印象，对你做出判断，这种判断极不可靠，毫无参考价值，对它认真，你就输了。

对浅度社交场合的人际关系，我们正确的解读方式是：别人根本没那么在意我们，对我们的评价也有如过眼云烟，既不可靠也不重要，付之一笑即可，没必要当真。你对别人也好，别人对你也好，都仿佛一场"快闪"，谁也记不住谁，这就是快闪思维的含义。

这种思维如果能够熟练应用，会显著提升我们在浅度社交场合的钝感力，让我们得失不形于色，从而更加从容淡定。

快闪思维的训练

怎么训练自己的快闪思维呢？有"激进式"和"稳健式"两种方式。

激进式，是不怕别人嘲笑，去做一件令自己感觉非常尴尬的事情，事后再检验一下，自己有什么感觉。

比如，在"疯狂英语"流行的年代，有的人会从教室里走出来，站在人来人往的大学食堂外面，高声朗读英语，以此来锻炼自己开口讲英语的胆量。有不少人一开始很害羞，难以想象自己会做出如此"出格"的事情，但当他们真的去做了之后，就会发现，做这件事也没那么可怕——路过的人只是匆匆瞥一眼他们，仅此而已。

当我们做过一件本来让自己感觉很尴尬的事情，却发现结果没有自己想象的那么可怕时，那些羞耻和尴尬的程度低于这件事的其他事情，对我们情绪的刺激系数也都会降低。就像我们打败游戏里的大怪物以后，再看那些小怪物，就会感觉是小菜一碟。

但是这种激进式的训练方法，难度有点高，很多时候也有些难登大雅之堂，恐怕不是每个人都愿意尝试的。不过好在这种训练方式并不是必需的，因为我们还有稳健式的训练方法可选。而且，稳健式训练相对来讲就温和得多，人人都可以做到。

稳健式的训练怎么做？它只需要我们在感觉尴尬、紧张的时候，默念一句"咒语"：别人并没有我想象的那样注意我，我的尴尬和紧张，只有我自己知道。

别小看这句话，当我们默念这句话的时候，就是在提醒自己焦点效应和透明度错觉的存在。很多时候，我们之所以紧张，是因为害怕别人发现自己的紧张，就像对失眠的烦恼会妨碍睡眠，对口吃的焦虑会使口吃更严重。只要放下这一重担忧，告诉自己"别人根本不知道我有多紧张"，我们就能放松下来，从而表现得更好。

萨维茨基和季洛维奇曾经做过这样一组实验，证明了自我提示透明度错觉对于缓解紧张情绪的有效性。

他们邀请了 77 名康奈尔大学的学生来到实验室，并要求每位学生录制一段 3 分钟的视频讲话，内容是关于学校中的种族关系的，为此，他们将这些学生分成了3组："控制组""安心组"和"知情组"。

研究人员对于控制组，没有给出任何说明；对于安心组，只是安慰他们说，焦虑和紧张是正常的，你们不必过多担心他人的想法，放松一些；对于知情组，则解释了透明度错觉的原理，也就是前文中讲的：虽然你们感觉自己的紧张情绪很明显，但实际上在观众眼中并没有那么明显，你的紧张，可能只有你自己知道。

演讲过后，演讲者和观察者分别对演讲质量和演讲者的紧张程度进行了评定。根据这些评定，研究人员发现：在了解了透明度错觉原理的知情组中，演讲者对于自己表现的评价和观察者对他们的评价，都比控制组和安心组更高。

也就是说，当知情组的受试者觉得自己很紧张的时候，想到观众发现不了他们的紧张，就能变得更加放松，表现得更好。

所以，下次当我们担心自己在浅度社交场合表现出尴尬、紧张的时候，不妨自问一下：虽然事情让我感觉很尴尬、紧张，但大家真的会注意到并记住这件事吗？

同时想想这句"咒语"：别人并没有我想象的那样注意我，我的尴尬和紧张，只有我自己知道。

第四章

重塑自我效能

为了成功，人们需要自我效能，以坚韧不拔地与生活中不可避免的障碍和不公抗争。

——阿尔伯特·班杜拉

当我们希望提升钝感力时，我们所希望的，仅仅是提升钝感力吗？

答案并非如此。

当我们产生"想要提升钝感力"这样的想法时，其实已经说明，我们对自己的现状不够满意。要是一个人对自己的现状很满意，就不会产生任何过量的负面情绪，也就不会想到提升钝感力。

升级解读方式，提高自己驾驭情绪的能力，提升钝感力，这些想法当然都很好。但在这些努力之后，我们还是希望能够改善现状，让我们不满意的现状变得令人满意。

这当然不是一件容易的事，它不仅需要我们在主观世界驾驭自己负面情绪的能力，而且需要我们在客观世界切切实实地采取行动。

为此，我们迫切地需要建立自我效能。

自我效能，是斯坦福大学的心理学家阿尔伯特·班杜拉于1997年提出的概念。自我效能是一种感觉，这种感觉会给人带来充分的控制感和安全感，会让人感到自己有能力完成好自己正在做，或者即将做的某件事。

这不仅是一种乐观积极的信念，更会在现实中给我们的做事能力提供强大的效益加成。同样的人做同样的事，在拥有充分自我效能的情况下，这个人会表现得更好。一个人如果长期拥有充分的自我效能，他们的心理就会更有韧性，更少焦虑和抑郁，生活得更加健康，也更容易取得成就。这种状态，当然是每个人都希望拥有的，它也是成功人士的标配。

从缺乏钝感力，自我效能匮乏的状态，到拥有钝感力，自我效能充盈的状态，这中间有很长的路要走。即使我们已经借助前面所介绍过的 12 种思维工具，提高了我们对各种过量负面情绪的钝感力，但它们仍然不足以确保我们长期稳定地拥有自我效能。

因为自我效能不是凭空产生的，它需要你切实具备"能够完成好某件事的感觉"。这种感觉，我们在简单的小事上不难获得，但是在真正的难题面前，就没那么容易获得了。

所以，我将为大家介绍 4 种有助于我们重新面对难题、重塑自我效能的思维工具，它们能帮助我们升级对生活中难题的解读方式，渐渐找到自我效能，让自己的人生走上正轨。

13 低期思维：
少些期望，少些失望

首先，我们需要学会低期思维，来面对生活中的棘手难题。

低期思维，顾名思义，就是让我们调低自己的期望值。因为我们的过量情绪，常常并不来自事实本身，而是来自我们内心的期望。当事情没有按照我们的期望发展时，就会更容易激发、放大我们的负面情绪。

期望值对情绪的影响

比如，今年市场环境不好，公司整体亏损，你对年终奖本来没抱什么期望，但没想到，公司竟然发给你 1 万元奖金，这时候你心里是不是乐开了花？于是你美滋滋地计划着，要用这笔奖金好好出去旅游一趟，放松放松。

但中午吃饭的时候，你不小心听到同组的两个同事在小声讨论，说他们各自都拿到了 2 万元奖金。你的心情可能当即就坠入了谷底，心想："凭什么他们拿的奖金这么多呢？他们的业绩也并不比我好啊？"于是你开始胡思乱想："难道老板真的对我有意见？是不是因为我和他走得不近，所以故意克扣我的奖金？"然后就越想越愤怒："这个世界真不公平！明明我工作比他们努力多了……"

在这个故事中，事实是什么呢？是"你拿到了 1 万元奖金"。但是你的情绪却有了 180 度大转弯，你从兴高采烈转向失望愤怒。情绪发生变化的原因就在于，你的解读方式变了（见图 4-1）。

	信息	情绪	解读方式	现状vs预期
之前	"拿到了1万元奖金"	兴高采烈	本来预计得不到钱，却从天而降1万元	10000 > 0
之后	"拿到了1万元奖金"	沮丧愤怒	别人都有2万元奖金，我却只有1万元	10000 < 20000

图 4-1　期望值对情绪的影响

在前一个版本里，因为你的解读方式是："本来没想到有奖金，现在却从天而降 1 万元"，所以你很高兴。而在后一个版本里，你的解读方式是："大家的奖金都是 2 万元，凭什么我只有 1 万元"，因此你才很愤怒。

　　不同的解读方式，带来了你期望值的改变：从"一分钱的奖金都没有"到"我也应该拿2万元奖金"。原先是现状高于预期，现在却变成了低于预期，于是，同样的事实，就激发出了你两种截然相反的情绪。

　　也就是说，"发生了什么"本身没有那么重要，"怎么解读发生的事情"，才是决定我们感受的关键因素。

　　而怎么解读发生的事情，又会影响我们内心对这件事情的期望。

　　当我们完成并上交了一个方案时，如果我们自己对这个方案比较满意，可能会将这件事解读为"我漂亮地完成了一项工作"，然后就会期望获得老板的表扬。那么当老板对我们的方案不满意，甚至批评我们"方案怎么做得这么差"的时候，因为现状严重低于我们的预期，我们就会产生过量的失望情绪。

　　但如果你已经跟这位老板打过一段交道，知道他喜欢吹毛求疵，是那种看到你考了95分还要问你另外那5分差在哪里的人，那么，同样是完成一个自己感觉还不错的方案，你就会将这件事解读为"这个方案应该没什么大毛病，不至于被老板打回重写"，期望值就不是"获得老板的表扬"，而是"只要不大改就算顺利"。之后，哪怕是同样被老板说"方案怎么做得这么差"，只要最后老板说"就这样吧，不用大改"，你就不会对来自老板的负面反馈感觉那么失望，反而可能会因为方案安全过关而感到庆幸。

低期并不是越低越好

看到这里，可能有朋友会说：这样一来，要想拥有钝感力岂不是很简单吗？只要我死猪不怕开水烫，把自己的期望值调得很低，那么所有来自外部的负面反馈不就都刺激不到我了？

这种想法理论上没有错，的确，期望值越低，你就越不容易失望。但问题在于，我们自己到底相不相信这种调整过后的预期呢？

明明自己能做到 80 分的事情，如果强行将预期调整到 50 分，你自己都不相信这个期望值是合理的，那不就成了和阿 Q 的"精神胜利法"相反的"精神失败法"了吗？

那么，什么样的期望值才是合理的呢？一个简单的判定标准就是，这个期望值应该**大于等于你在控制圈尽力的结果，并且小于等于你在影响圈尽力的结果**。如果期望值小于你在控制圈尽力的结果，那就很容易激发你的懒怠惰性；如果期望值大于你在影响圈尽力的结果，那就意味着期望值有一部分落在了不可抗力圈，你也就很容易因为事与愿违而感到挫败。

所以，期望值并不是越低越好，它需要落在一个合理的区间内，必须符合我们认知中客观世界运转的规律，也需要适配我们的能力水平，否则它对我们来说就没有意义，无法起到调节我们过量情绪的作用。

还有些朋友可能会说：我也知道调低期望值就能少些失望，但问题在于，我无法把期望值调低啊！我就是分不清有些目标到底是在影响圈还是在不可抗力圈，但我就是特别想要达成那个目标啊，我调整不了自己的预期！

比如，我就是希望老公能把换下来的脏衣服、臭袜子自觉扔进脏衣篓里，我就是希望自己能多挣 1 万元，减轻一点还贷压力，我就是希望孩子能放学主动写作业……我没办法假装自己对这些目标没有预期，一旦没有达成这些预期，我就会特别愤怒，特别生气，面对这种情况，我又该怎么办呢？

别着急，调整预期确实是听起来简单，操作起来却很难的一种改变。但有难度不代表没有实现的可能，其中的关键还是在于升级自己的解读方式。

就像《高效能人士的七个习惯》中史蒂芬·柯维讲的故事一样：一支海军舰队在大雾天气时演习，一个上校军官看到对面驶来的船只发出灯光，他预计两艘船可能会相撞，于是命令手下发信号："我是上校，请你转向 20 度。"对方回复信号："我是二等水手，请你转向 20 度。"上校愤怒了：对方明知道自己军衔更高，怎么还不让道？真是岂有此理！但最后，还是上校让道了，因为他发现，对方其实是一座灯塔。

在这个场景里，上校的第一种解读方式是：对方也是船，你的军街也没我高，凭什么要我让道而不是你让道？于是他就会很生气。第二种解读方式是，上校发现对面是灯塔，灯塔是动不了的，那么我让道天经地义，不然船就会触礁，所以上校让得心平气和。上校解读方式的变化，带来了期望值的变化，也就带来了情绪的变化。

这种认知升级的过程，有拨云见日的作用，让我们看到"它是灯塔，不可能给我们让路"这一事实，帮助我们自然地调低期望值。

接下来，我要给大家分享的是人类认知中经常出现的两个误区，我们在日常生活中所犯的大部分错误都和这两个误区有关。只有破除这两个误区，我们才能修正过往解读方式中存在的错误，合理调整自己的期望值。

这两个误区是什么呢？一是对概率的错觉，二是损失厌恶的障眼法。我们先说第一个误区：对概率的错觉。

对概率的错觉

我们先来思考一个问题：如果一件事你连续做了80次，都失败了，那么，你认为还有坚持下去的必要吗？

我想，大部分人都会选择放弃。

比如，当我们给客户打电话陌拜，却连续被几十个客户拒绝，我们就会特别沮丧，觉得自己不适合当销售，或者判断：电话陌拜这件事根本就不可行。

但如果我们提前知道，电话陌拜这件事成功的概率本来就只有1%，连续80次都被拒是很正常的，那么，在面对同样的情形时，我们是不是就会更容易坚持下去呢？

会比之前容易一些，但是我们依然很难接受这个现实。

其中的原因在于，概率是很容易违背我们的直觉的。我们的大脑，习惯于通过基于最近几次经验得出的"小数据"来形成对未来的预期，这些近期的数据和经过长期收集的"大数据"中得出的概率往往出入甚大，也就产生了远远偏离实际的错误预期。

基于"小数据"产生的概率错觉，会让我们高估某些事情的整体成功率。

就像看 NBA 比赛的进球集锦时，我们会感觉场上球员个个都是乔丹，每个人的水平都很高。但如果看全场比赛，我们就会发现完全不是这样，每个球员失误的频次一点也不低。精彩集锦的"小数据"干扰了我们对赛场上球员表现的"大数据"判断，让我们产生了"场上球员个个都是乔丹"的错觉。

再比如，前些年媒体总是报道类似的新闻：某位创业明星和几个室友一起写代码，开发出了一个应用程序，拿到了几千万元的风投，从而实现了财务自由。或者某人利用下班时间搞副业摆摊，一下变成了网红摊主，月入几十万元……这些成功案例的"小数据"，干扰了我们对创业、摆摊这些事情成功率的"大数据"判断，让很多人产生了"这样赚钱很容易"的错觉，直到自己去干了，才发现成功根本没有那么容易。

对概率的错觉，也有可能让我们高估当前所面对事件的难度。

比如前文讲到的销售陌拜，假如你已经知道"大数据"的成功率是 1%，但当你连续打 80 个电话被拒绝时，你还是会被前面 80 次失败的"小数据"干扰判断，导致自己灰心丧气。

无论是高估某些事情的整体成功率，还是高估当前困难的难度，都会让我们在面对难题时更容易受挫。

对此，我们必须依靠经验阅历、数据分析这些能让我们看到"大数据"的手段，来对抗、纠偏我们因"小数据"而产生的概率错觉，将我们对一件事的成功概率估值回调到合理水平。

还是以销售陌拜或者做社群运营转化为例，假如这件事的平均成功率或转化率是 1%，如果把每 100 次的销售尝试称为一组，那么根据统计学规律，每组样本中的实际转化率，从 1‰ 到 10%，都是有可能的。

也就是说，假如在所有样本中，有一组的转化率高达 8%，也就是 100 单里成交了 8 单，也并不能证明你的销售能力在这时突飞猛进；反之，假如有一组一单都没成，也未必是你多么无能的缘故。在概率的世界里，这些都是很正常的现象，没有必要让情绪因为这些或好或坏的结果变得过于亢奋或低落。对于了解事件的概率，我们还是要看大数据。

当你通过对大数据的了解，真正认识到各种事情整体的概率之后，才有可能对生活中涉及概率的事情赋予合理预期。比如你在原来的房租到期，找新房子住时，假如你认为找到合适房子和投缘房东这件事的平均成功率只有 10%，那么现实中，就算连续看了五六套房都不满意，你也不会因此而沮丧，也就自然而然拥有了应对这些结果的钝感力。

上面所说的就是影响我们期望值的第一点认知误区：对概率的错觉。接下来我们讲第二点：损失厌恶的障眼法。

损失厌恶的障眼法

很多时候，我们之所以缺乏钝感力，是来自"既要又要"这种不合理的预期。

就好像那个老太太的故事所讲的：一个老太太有两个儿子，大儿子卖雨伞，小儿子开染坊。每到下雨的时候，老太太就很发愁："唉！我小儿子染的布往哪儿去晒呀！"天晴的时候，老太太还是发愁："唉！看这个大晴天，哪还有人来买我大儿子的雨伞呀！"就这样，老太太一天到晚愁眉苦脸，吃不下饭，睡不着觉。

老太太之所以在这种情境下缺乏钝感力，就是因为这种"既要又要"的预期。试着回想一下，我们表现得缺乏钝感力的那些场合，是不是有一些也源于这种"既要又要"的预期呢？

我们既想要工作自由清闲，又想要位高权重；既想要另一半发展事业，又想要他多陪自己；既想要孩子活泼外向，又想要他们安静看书……一旦这些事情的发展不能如我们所愿，我们就很容易沮丧，产生过量的负面情绪。

这种"既要又要"式的过高期望值很难调低的原因，就是"损失厌恶"在起作用。

损失厌恶，是指人在做选择时，对可能的损失会比对可能的收益更加敏感。相比于已经"获得的好处"，人们总是会更加在意"失去的好处"。

也就是说，"失去了什么"，比"得到了什么"，对人们情绪的刺激系数更大。人们的注意力会更多集中在自己失去了什么，而不是得到了什么。

生活中，我们经常会遇到一些面临不可逆选择的局面。比如，你找工作时拿到了两个 offer，一个是看起来相对轻松的职位，有大量自己可支配的时间，但岗位和所在部门比较边缘，没有太大晋升空间；另一个则是核心利润部门的骨干岗位，负责的业务线很宽，还要带领一个不小的团队，但这个岗位每天都需要加班，动辄"996"的工作模式，就算是下班和休假时间，老板和下属们也会经常找过来，钉钉和微信消息总是不断，几乎没有个人闲暇时间。

如果你选了前一份工作，刚开始几天，你可能还比较享受这个岗位的自由闲暇。但时间稍微一长，你对手头的简单重复工作就会感到厌烦。如果你和邻居或同学聊天，无意中听见这个邻居在哪里节节高升，那个同学在哪里财务自由，对比起来，自己显得碌碌无为，你心里就会后悔：当初我应该拼一把，选那个骨干岗位的 offer！

反过来，如果你选了后一份工作，也很有可能会后悔：我不应该为了多挣这些钱，让自己陷入那么大的压力，连陪家人的时间都没有，甚至自己的健康状况都亮了红灯……

在损失厌恶心理的驱动下，我们总是会对没能得到的另一个选项中错过的好处更加敏感、在意，让那些所谓的损失占据自己的"心智带宽"，对此耿耿于怀，也就谈不上在这种情境下的钝感力了。

要破除这种认知误区，我们需要强大的理性力量来纠偏，认识到"既要又要"这种预期的荒谬，认识到当前的负面情绪只是"损失厌恶"的障眼法。然后我们就能主动调低失去的东西对自己情绪的刺激系数，让它回归正常合理的水平，从而将期望值回调到合理的水平。

我们该如何认识到自己有没有被损失厌恶的障眼法所困呢？一种很好用的理论工具是"等价纠结定律"。

等价纠结定律

所谓等价纠结定律，意思是：很多时候，我们所纠结的选项 A 和 B，各有其好处和坏处，而且无论我们怎么理性分析，都无法分辨出哪个更好。这个结果说明，从效用上讲，其实这两个选项选哪个都一样，它们是等价的，这就是"等价纠结定律"。

就像我们刚才举的找工作时选择哪个工作的例子，如果你深思熟虑很久也很难在二者之中做出抉择，那你就需要明白：这两个选项对你来说是等价的，你选哪个都一样。

也许你会感到困惑：怎么会选哪个都一样呢？两个工作的职位前景、压力程度、薪资收入都很不一样，何来"等价"一说？

这里的等价，指的是效用等价，也就是在心理感受层面，无论选择哪个，你的开心或者烦恼程度都是等价的。

假如你是个比较乐观的人，那无论选哪个选项，都会更多地看到它好的一面，觉得自己选得还不错；但如果你比较悲观，容易对现状不满，那么无论选择哪个，都会看到这个选项不好的一面，总会想："哎呀，当初我要是选了另外那个选项会不会更好？"但是，无论你有着哪种性格和思考习惯，两个选项带给你的开心或者烦恼程度都是等价的。

既然二者的效用等价，那么我们就可以理性地认识到：世界上没有那么多"既要又要"的好事，绝大部分的事情对我们来说，都处于一种等价纠结的状态。一种状态的好处和坏处，就好比同一根木棍的两头，你拿起了木棍的一头，也就自然拿起了另一头。既然我们已经享受到这种状态的好处，就没必要对它的坏处耿耿于怀，更没必要后悔当初是不是应该去捡起另一根木棍。

于是，当你再次面对类似的等价纠结时，你就会拥有一种"一颗红心，两手准备"的心态，既然选什么都一样，那么选什么都挺好。当你在已经经过深思熟虑后做出的决策里，发现了不尽如人意的地方时，也就容易让预期回归一种更合理的程度，清醒地知道，自己就算选了另外一种方案，也不会比现在在心理上感觉更好。这样一来，你就不再有那么多的纠结和后悔，钝感力也由此提升。

重新看待那些很难调低的期望值

了解了"对概率的错觉"和"损失厌恶的障眼法"这两个认知误区之后，让我们再回到前文所提到的几种很难降低期望值的情境："我就是希望老公能把换下来的脏衣服、臭袜子自觉扔进脏衣篓里""我就是希望自己能多赚1万元，减轻一点还贷压力""我就是希望孩子能放学主动写作业，安静看书"……

这几个例子里，你的期望值，都可以通过运用这一节的知识来加以调节。

首先，"老公自觉收拾脏衣服""多赚 1 万元""孩子主动写作业"这几个目标，也许就像销售陌拜那样，存在成功率问题，很可能不是你尝试一次就能奏效的，也有可能需要你尝试几种不同的方法、策略之后，才能找到奏效的那一种。具备了概率的意识之后，你的目标和期望也许就可以修正为："我争取通过 5 次沟通努力让老公建立自觉收拾脏衣服的习惯""我争取通过 1 年的努力让自己的月薪比现在高 1 万元""我争取用 3 个月的时间帮助孩子养成主动写作业的习惯"。

其次，这几个目标本身也许并不难达成，只是达成目标的成本在你看来有点难以接受。假设，你的老公很想有自己的私房钱或者很想买一台游戏机，但是一直没能得到你的允许。如果你用这些条件和老公谈判，比如说："只要你能自觉把脏衣服收进衣篓，我就给你买一台游戏机，还陪你一起玩游戏！"你认为老公接受这些条件的概率会不会提高呢？

只是这样一来，你的原始目标"让老公自觉收拾脏衣服"固然达成了，但你为此支付了额外的成本，这种成本被你视作一种本不该有的"损失"，所以你一开始并不把这种方案当成一种具有可行性的备选方案。

从这个角度看，难题不在于达成原始目标，而在于如何在不需要支付额外成本、不造成附加"损失"的情况下达成原始目标。生活中，我们面对的很多难题也是同理：目标本身并不一定很难达成，但要想实现"零损失零成本地达成它"的预期，恐怕就不大现实。

如果我们一直被"损失厌恶"的心理困住，就会看不到其他的解决方案，只有当我们明白了损失厌恶的障眼法的奥秘之后，才能心平气和地将达成目标和规避损失加以比较：在这两者之中，我到底更看重哪一个？如此，我们就能走出"既要又要"的认知误区，破除无损达成目标的幻想，在诸多可能的方案中，找到目标与成本之间的平衡点。

低期思维与自我效能

在生活中，很多人都有过类似的体验：越是简单的小事，越容易动手去做；而越是看上去复杂、困难的大事，"启动"就越困难，我们总是会给自己找各种理由拖延，迟迟不能采取行动。

一个人对一件事的自我效能，跟这件事的难度很有关系。如果我们认为这件事很容易，很轻松就能完成，自然就会拥有较高的自我效能；如果我们认为这件事很难，不相信自己能完成得好，那么自我效能就可能较低，甚至无从谈起。

而一件事的难度有多高，则和我们对自己的期望值很有关系。以打网球为例，如果你的期望值只是能挥拍打中球，这件事就很简单；但如果你的期望值是去国际顶尖赛事上和网球大明星一较高低，这件事就几乎不可能实现。

当对自己的期望值过高的时候，你就更容易受挫，被激发出更多的负面情绪，从而被更快地损耗精神能量，你的行动能力也会因此受到限制，导致自我效能受损。所以，学会适度调低自己的期望值，是提升钝感力和自我效能的必修课。

总结一下，在本章中，我们分享了一种提高钝感力的思维技巧，即调低自己的期望值。少些期望，就会少些失望。但是调低期望值，并不是指调得越低越好，你需要将它调整到一个自己真心认可的合理水平。而怎么将难以调低的期望值调整到合理水平呢？本章又分享了两个认知误区：对概率的错觉、损失厌恶的障眼法。只要破除了这两个认知误区，更正解读方式中的错误，你自然能将期望值调整到合理水平。

这样一来，当同样的事情发生时，因为我们把自己的期望值调低了，它对我们情绪的刺激系数也就降低了，我们的钝感力也就提升了。不仅如此，期望值的降低，也能让我们重新看待这件事的难度，让原本看上去很难的事情显得不再那么难，从而更容易获得自我效能。

实践低期思维的抓手

低期思维的训练，同样可以借助填空练习来进行。

我现在心情不好，是因为＿＿＿＿＿的现状，低于＿＿＿＿＿的预期。

比如：

我现在心情不好，是因为 <u>10 个目标客户都把我的电话挂了</u> 这个现状，低于<u>有 3 个客户听我说下去，而且有 1 个客户与我成交</u>这个预期。

我现在心情不好，是因为<u>工作太忙了，没有休息时间</u>这个现状，低于<u>这份工作既位高权重，又自由清闲</u>这个预期。

人类的一切负面情绪，都可以归因于"现状低于预期"这个基本事实，也都可以用这个填空练习表达出来。只是有些时候，我们的期望值是合理的，有些时候则是预期本身就存在问题，需要用低期思维加以修正。

低期思维，在日常生活中经常可以和非敌思维搭配使用。

如果我们对整个世界持有以自我为中心，他人都是围绕自己运转的非玩家角色（NPC）或工具人的解释风格，那么我们对于他人对自己的配合度就会有过高的预期，一旦出现他人不能配合自己达成目标的时候，就会容易感受到敌意的存在，陷入日食陷阱。

但如果我们修正了自己解释风格中的这一错误，就会对生活中他人的配合度调低预期：别人配合自己、帮助自己，是值得感恩并加以回报的；而别人没有配合自己，亦属常理，没必要对此过度反应。两种思维工具的搭配使用，会更加有助于提升我们对这些情境的钝感力。

不仅如此，如果我们在使用非敌思维的前提下，再结合低期思维的填空练习来剖析，就会激发出更多有价值的思考。

非敌思维的适用情境是什么？是他人没有对我们做功，却令我们感受到敌意，那是一种生气、愤怒的情绪。用低期思维的填空练习来表达，就是：

> 我现在很生气，是因为<u>周末出差回家后发现孩子周末没写作业</u>这个现状，低于<u>孩子在我周日回家前把作业写完</u>这个预期。
>
> 我现在很生气，是因为<u>回家后发现男朋友在玩游戏，没打扫地板</u>这个现状，低于<u>男朋友在我回家前把地板打扫干净</u>这个预期。
>
> 我现在很生气，是因为<u>新同事拜访本属于我的客户</u>这个现状，低于<u>新同事尊重我的权限范围并自觉避开</u>这个预期。

在这一组跟非敌思维有关的填空练习中，我们会发现，在"预期"的空格中填上的句子，主语都是别人而非自己。

换句话说，我们之所以感到生气，是因为**我们对别人有预期，而别人没有达到我们的预期**。那么问题就来了：你的预期合理不合理？

别人对你的这一预期知不知道，认不认可？这些问题的答案恐怕就不是那么肯定了。在日常生活中，人与人之间的预期与责任可能存在大量的模糊地带，对于这些模糊地带，你和别人可能并没有沟通清楚，也没有达成共识。

所以，你就需要带着非敌思维部分中讲到的侦探意识，去探明现状低于你的预期背后的真相到底是什么，是别人不知道你的预期、不认可你的预期还是其他的原因，而不是基于自己对别人的预期一味生气。

14 成长思维：
看到隐藏的"进度条"

生活中，我们会遭遇各种各样的挫折，特别是在刚刚开始尝试学习某种新技能的时候。

比如我们小时候学轮滑或学自行车时，可能一不留神就摔一跤；学习一门新外语时，我们也可能背了很多单词还是听不懂简单的句子。明明花费了很多时间来学习，却看不到什么效果，这种劳而无功的感觉相当糟糕，我们也就容易因此产生过量的沮丧、挫败等负面情绪。

如果我们只是在学习一门锦上添花的新技能时感受到挫败，那还可以选择放弃或回避。但是在人生各个阶段的主业上，挫败既无处不在，又无可回避。少年时，我们人生的主业是上学考试，就有很多人不善此道，只能在其中苦苦挣扎；青年时，我们人生的主业是上班赚钱，以及恋爱结婚，也有很多人在职场和情场屡屡碰壁，毫无建树。

挫折遭遇得多了，人就会很容易从对事的挫败感，上升到对自己的怀疑。我们会怀疑自己是不是注定做不好某些事情，陷入自我效能缺失的局面，开始自我抨击，甚至产生自卑情结。

这种时候，我们就需要掌握成长思维，提升对当前受挫信息的钝感力，减轻自己的过量负面情绪。

成长思维的初阶和进阶

对于成长思维，入门级的理解是，人人都曾是"新手"，每个人都是从什么也不会的"新手"时期过来的。哪怕是再天资过人的人物，他们对于任何一项技能的学习，也必将经历从生疏到熟练的过程，没有例外。

认识到这一点，我们对于自己当前的受挫状态，就有可能产生新的解读方式：也许不是我太笨或者注定做不好某件事，而是我现在正处于一种"新手"的状态。就像牙牙学语的婴儿、蹒跚学步的幼儿，虽然此时他们说话或行走的样子看上去确实很笨拙，但总有一天他们会对此熟练。我当前表现的笨拙和受挫也是同理，我也总有一天会对此熟练的。这就是一种长期视角下的成长思维。

对这种思维再深入一级的理解，就是要我们具备一种看到"进度条"的意识。所谓进度条分为两种，一种是人的"经验值"的进度条，一种是事情进展的进度条。

先说第一种进度条，即人的"经验值"的进度条。

电子游戏之所以能够吸引人玩下去，很大一部分原因在于"养成"的乐趣。新手村的 1 级角色出门打怪时，虽然还没有什么技能，就是普通攻击，但仍然让玩家乐此不疲。为什么？正是因为我们能看到，这个角色虽然等级还很低，但它的经验值已经涨了 10 点。这样下去，再打几个怪，这个角色就能攒够经验值，升到 2 级，到了 2 级，角色就会获得若干个能力点，学会一种新技能，这种成长的感觉就很让人期待。

现实中，当我们学习某种技能的时候，虽然没有一个能直观显示出来的经验值进度条，但不代表类似的机制不存在。

实际上，基于生活经验可知，日常生活中绝大部分技能的学习，都存在类似的经验值系统。

比如我们在学日语时，从刚开始学五十音，到能够不靠字幕看懂日本动漫，这中间存在着很多个等级，每升到更高一级，都需要一定的经验值。又比如我们在公司里做文案时，从句子都写不通顺，到能够在上级面前一稿通过，也存在着不同的技能等级和经验值。我们的每一次尝试，无论顺利还是不顺利，都会让自己增长一定的经验值，距离这项技能的升级就又接近了一些。

只要具备了经验值意识，对于尝试受挫的事实，我们就能提高钝感力，不会把失败的原因解读为自己的无能，而是能够看到自己实际上经验值的提升，并进行复盘总结，让自己经验值提升的效率更高一些。

说完了人的"经验值"进度条，再说第二种进度条，也就是事情发展的进度条。

生活中总有些比较复杂的大事，你很难很快完成。比如农村平民出身的子弟，想要通过个人奋斗在大城市安家落户，就是一件很复杂的大事，不是短时间内通过吃苦奋斗就能立即实现的。这些复杂的大事完成起来难度高、见效慢，你可能坚持了很久也看不到离结果还有多远，就好像在爬一座一直看不到山顶在哪里的山，越爬越累，心也越来越慌。

这时候，我们就需要让自己看到事情的发展背后隐藏的进度条。

在计算机发展的早期，计算机在执行一个复杂命令时，需要运算很长时间，用户只知道命令还没执行完，但不知道执行到哪一步了，还要等多久，体验很糟糕。后来，图形化的操作系统诞生了一个天才的发明，就是进度条。虽然同样是等待，但用户知道这件事的进度到了哪里，能看到进度距离结果越来越近了，这样，他们的感受就会好很多。

生活中的各种事同样存在着进度条。哪怕简单如煮饭，也有着它的进度条：洗锅、淘米、加水、按下按钮开始煮饭，到最后把煮熟的饭盛出来，我们每执行完一个动作，进度条就往前推进了一些。

对于复杂的事情来说更是如此。比如农村贫寒子弟想在大城市安家落户，可能性最大的路径，就是首先在乡村的学校教育中取得拔尖的成绩，考进市里或县里的好高中，再通过高考进入大城市上大学，毕业后在大城市找工作，慢慢攒钱买房，最终在大城市落户安家，或者是通过婚姻关系，直接和大城市的居民结婚，落户安家。这种复杂的大事，本质上也像简单的煮饭一样，可以被拆解成若干个步骤，有它自己的进度条。

认识到进度条的存在，我们就可以在感觉事情不尽如人意时，对现状产生新的解读：这件事的完成也许并不是遥不可及，它只是刚刚被推进到进度条中间的某个地方，只要我们能坚持有效地推动这件事情的进度，终有积跬步以至千里的那一天。

具备发现进度条的意识，我们就不会老是把当前可怜兮兮的进度跟远期的宏大结果对比，那样只会增加自己过量的负面情绪；相反，发现进度条的意识会让我们专注于当下的行动，让进度条的前进效率高一点，少走弯路。

突破自我设限

当我们的成长思维深入到开始具备发现隐藏进度条的意识之后，我们就能够突破那些原本为自己设下的限制。

有人觉得"我天生就是'社恐'"，因此在社交上越发闭塞，在情感课题和交友课题上表现不佳；有人觉得"我就是怕麻烦，怕动脑筋"，于是放弃了对自己理性思维和逻辑思维的锻炼，处理事情时不愿花时间去分析信息，权衡利弊，而是草率行事，结果全靠运气。像这些情况，都已经不再属于钝感力的范畴，这类人因为自我设限，所以限制了自己发展的可能性，阻碍了个人成长。

对于这类情况，成长思维也是一剂良药。

很多时候，我们会觉得自己"就是不擅长""注定学不会"某项新技能，但这些都是我们在刚开始的几次尝试受挫之后就匆匆下的结论。换句话说，这些结论并不反映我们真实的学习状况。如果我们具备了成长思维，能够看到个人学习技能的经验值、推进复杂事情的各个步骤这两大隐形进度条，对于原先的自我设限，我们就完全有可能产生新的解读。

比如，你为什么对自己下了"社恐"的判断？可能是因为在某次同事聚会唱歌时，你看到有人特别活跃，很出风头，自己相形见绌；也可能是因为某次公开聚餐，有人和你开了个玩笑，而你没接住，就觉得自己很尴尬。总之，**人的自我设限，往往是建立在早期某些受挫事实的基础之上。**

但如果你升级了解读方式，具备了发现进度条的意识，你就会知道，人际关系和社会合作技能，就像在游戏中打怪一样，也有着不同的等级体系。1级的角色，只能去挑战1级、2级的"小怪"，不可能去挑战50级、100级的"大怪"。

在人际关系和社会合作这场"游戏"中，与脾性接近、气质投缘的人之间的一对一交往，就像面对 1 级的"小怪"；而在人多的复杂场合实现自如控场，就像挑战 50 级、100 级的"大怪"。

如果你从小的家庭和成长环境没有给你很好的社交技能训练机会，那么你走上社会时就相当于一个 1 级的新手，用这种级别去挑战 50 级、100 级的"大怪"，你怎么可能不吃亏？

有了这种认知之后，你就不会把自己在复杂场合的窘迫尴尬解读为"社恐"，而是解读为这个"打怪"的"副本"根本不适合自己当前的角色等级，自己应该去适合新手的"地图"好好"练级"。对应到现实生活中的场景，就是我们不能奢望自己一下子就能在人多的社交场合游刃有余，而是应该想办法先去找那些脾性接近、第一印象就比较投缘的人，尝试与他们进行友善的社交，好好"练级"。

当成长思维进阶到这一步，我们就能重新审视从前的那些自我设限，甄别出哪些领域确实不适合我们投入时间和精力去突破，又有哪些领域只是因为我们对挫折的心理防御，导致了我们对现状错误的解读，这些本质上不过是阻拦自己继续努力、让自己心安理得的借口。

容忍犯错

成长思维，不论是用在个人钝感力的提升、个人成长还是管理学场景，其本质就是容忍犯错。要知道，不仅是新手会犯错，熟手也会犯错，甚至一个领域的泰斗，也会犯错。

篮球界的传奇球星迈克尔·乔丹，即使在他个人表现达到巅峰的赛季中，他的球队也在季后赛中早早出局，并没有打进分区决赛；而在他所属的芝加哥公牛队团队成绩最好的赛季里，也还是输掉了10场比赛。尽管乔丹当时已被公认为"地表最强"篮球运动员，他也无法避免球队遭遇单场比赛的失败，芝加哥公牛队那一年的常规赛胜率不到88%，相当于平均每10场比赛就会输掉1场。

如果说团队运动没办法光靠个人能力扭转乾坤，那我们再看看一对一的围棋。

围棋界泰斗吴清源，在其巅峰期的几十年内，被公认为高出同时代其他所有顶尖棋手一个档次。但即便这样，吴清源也并不是像武侠小说所描写的世外高人那样永不失手。

吴清源的"天下无敌"，是"番棋"意义上的无敌。所谓番棋，是指两个人对弈十盘棋，最后比谁赢的盘数多。在吴清源的巅峰期，他的番棋胜率非常高，但具体到某一组番棋内部，吴清源输掉其中两三盘是常有的事。如果我们不看番棋胜率而是看单局胜率，吴清源当时的总体胜率大约在70%——他也不能保证在每一场单局比赛中都不犯错。

所以，哪怕你已经不是新手，你也不可能在某一领域中始终不犯错、不受挫。大师、熟手和新手在"犯错"这个问题上的真正区别，不是无和有的区别，而是少与多的区别。

在很多人的解读方式中存在一种错误，就是以一次胜负论成败。它错在忽视了大数据的统计学规律，而对近期的成败得失估值更高，高估近期的单次表现在长期整体成绩中的占比，这一问题，我们在上一章的低期思维部分中也有阐述。

成长思维，也是可以和低期思维搭配使用的一种解读方式。成长思维意味着容忍犯错，也就意味着期望值的调低。反过来看，期望值调低之后，我们也更容易获得成长思维，不会一受挫就方寸大乱，而是能看到挫折背后的成长性，也就能对错误钝感。

用长期主义视角来看，错误的背后有没有我们经验值的成长和事情进度条的推进，取决于这些错误是同一个错误的低水平重复，还是能够让我们在挫折中汲取营养的建设性试错，这是用好成长思维的秘诀。当你能够从挫折中科学复盘、汲取营养，看到自己经验值的成长和事情进度条的推进时，哪怕是挫折和失败，也仍然会给人一种"事情又往前推进了一步"的感觉，也就可以帮助我们恢复自我效能。

可见，可怕的不是挫折，而是对挫折的错误解读方式。

读者朋友们不妨回忆一下，自己最近有没有一些感到受挫的经历，在这些经历中，你能不能看到自己经验值的成长和事情进度条的推进呢？

15 换靶思维：
也许可以不"死磕"

在上一节中我们讲到，当我们所做的事情受挫，导致我们出现过量的负面情绪时，可以采用成长思维，去看到事情发展隐藏的进度条。而在这一节中，同样是面对挫折引起的过量情绪，我将与你分享另一种有助于提升钝感力的思维工具：换靶思维。

东方不亮西方亮

如果把做事比作打靶，我们做一件事屡遭失败，就好比打靶屡屡不中。这时，除了继续"死磕"这个靶子之外，我们可以跳出当前的状况来想一想：我是不是非打这个靶子不可？换成旁边的那个靶子行不行？那个靶子会不会更好打一点？

这种想法反映到做事上，就像俗话所说的：东方不亮西方亮。如果面对一件很难解决的事，无论怎样我们都完不成，也许放下它，换一个"靶子"，便可以柳暗花明。

根据真人真事改编的电影《大创业家》就讲述了一个有关换靶思维的故事。

在20世纪50年代的美国，有一个奶昔搅拌机推销员，名叫克罗克，他的业务是向各个餐馆推销他代理的奶昔搅拌机。推销生意很不好做，他的陌拜经常碰壁。卖不出去机器，就挣不到钱，如此，他家中的经济负担日渐沉重。妻子对他颇有怨言，他的心情也经常跌落谷底，他每天早晨都靠听成功学演讲的磁带录音勉强给自己鼓劲。

后来有一天，他无意中发现有一家餐馆，居然不用他上门推销，而是主动给他打电话一口气订购了8台机器，这对他来说简直就是一笔从天而降的大订单。按理说，一般的销售员遇见这种雪中送炭的好事，开心庆祝一下之后，也就将这件事忘记了。但克罗克注意到这件事并不简单：一个餐饮店，一次要买8台奶昔搅拌机，它的生意得好到什么程度？他决定亲自去这家店看看。

一上门他就发现，这家餐馆的经营理念、业务流程和过去见过的任何餐馆都不一样，这家餐馆的生意之所以爆满，背后果然有奥秘。到了这里，他的表现已经完全不再像一个推销员：他主动邀请餐馆的老板两兄弟共进晚餐，这不仅是为了加深与客户的关系，更是为了向他们请教餐厅经营的心得。

到最后，克罗克做了一个大胆的决定，他决定停止自己的奶昔搅拌机销售业务，说服餐馆老板两兄弟合伙，一起用特许经营的方式把这个餐馆做大，在美国各地开连锁店。就这样，克罗克从一个郁郁不得志的推销员，转型成为这家餐饮连锁企业的首席执行官。克罗克的个人事业和这个餐饮品牌由此进入了飞速发展的快车道，这个餐饮品牌就是如今遍及全球的麦当劳。

克罗克这个名字，以麦当劳连锁帝国创始人的身份被世人铭记。但在他功成名就之前，他的职业道路也颇为坎坷。在第一次世界大战期间，他接受了救护车司机的职业培训，可还没等到他就业，战争就结束了。随后的三十多年里，他先后辗转多个行业谋生：他当过纸杯推销员，在乐队里担任过爵士乐手和钢琴手，还在芝加哥电台工作过。再后来，他开始代理奶昔搅拌机，在美国各地推销了十几年，一直业绩平平，直到他遇到了麦当劳。

克罗克的职业生涯，就是换靶思维的生动写照。

人的事业顺或不顺，固然跟个人能力有关，但更和时代大势有关。如果一个人运气很好，能及时把握时代的机遇，凭一份工作直上青云，当然就不必换靶，但更多的时候并非如此。从克罗克早年的经历来看，他显然没有赶上时代大势。但他本身既不会特别频繁地跳来跳去——从他将奶昔搅拌机推销的事业坚持了十几年就可以看出——又不会绑在一棵树上吊死，因为他始终对新的机会保持开放的态度。

在现实生活中，换靶思维同样大有用武之地。

比如在一家公司里，上级和你有些合不来，怎么相处都比较别扭，偏偏你的绩效考核和升职加薪都被上级牢牢把握，你怎么努力都得不到上级的赏识，你非常头疼。这个时候，你如果运用换靶思维，就会发现，以自己的行业资历，如果换一家公司、换一个上级，也许立即就能打开局面。

再或者，一个人生性内向，又不爱开口求人，却做着一份销售工作，他很不喜欢这种工作，也干不出什么业绩。这个时候，他如果运用换靶思维就会发现，自己与其继续为这个月的销售指标发愁，可能还不如趁年轻学习别的专业技能，早早转行。

穷则变，变则通，这是我们对换靶思维第一个层次的理解。

换靶思维与成长思维

读完了上一节内容，同时又善于使用批判性思维的读者朋友可能会想：换靶思维和成长思维，这二者之间是什么关系呢？在实际生活中又该如何使用呢？遇见挫折，我是应该运用换靶思维，换个赛道出发，还是应该运用成长思维，看到自己的经验值和事情的进度条，日积跬步，循序渐进呢？

这是一种非常好的思考习惯，如果你开始提出这样的问题，首先为此就值得给你一个大大的赞。

同样是面对挫折引发的过量负面情绪，换靶思维和上一节的成长思维，是我们工具箱中的两种备选工具，需要根据情况来决定它们的使用顺序。怎么根据情况来决定呢？可以通过自我设问的方式，来做初步的判断。

第一问是：面对当前的挫折，你有没有开始自我抨击？

所谓自我抨击就是，将自己在事情上的受挫，上升到对自己这个人的攻击。你的负面情绪落点在哪里？是这件事太难了、太烦了，还是自己太笨了、太懒了、太差了？后者就是自我抨击。

假如你已经开始自我抨击，那就需要优先运用成长思维，改变当前的解读方式：你并非太笨、太懒、太差，你只是暂时处在新手状态，无法面对这个级别的难度而已。人人都曾是新手，也都会经历从入门到熟练，从熟练到精通的过程。新手期只是一时的，把目光放长远看，未来有无限可能。这是用成长思维来替代自我抨击。

假如你的负面情绪不涉及自我抨击，那就让我们来到第二问：让你深感受挫的这件事，它到底属于手段还是目的？

这一问显得不么直观，因为人的第一反应会是：我当前想做而没做成的这件事，当然就是我的目的，是一个我还没有完成的目标啊！但事实未必如此。

我们假设，你为了体会"只要功夫深，铁杵磨成针"的精神，决定亲自动手来把铁杵磨成针。你磨了半天，铁杵离针的形状还相去甚远，不仅自己累得筋疲力尽，铁杵还磨废了，变成个什么也不是的铁疙瘩，而且你还被路过的邻居嘲笑。这时你很有挫败感，无意中看到了本书，就开始思考：到底该用成长思维还是换靶思维，来提高自己面对眼前挫败的钝感力。

现在你来到了第二问：你想做的"铁杵磨成针"这件事，到底是手段还是目的？你认为是目的，于是你接着问自己：我为什么要把铁杵磨成针？假设你已经把铁杵磨成了针，你会用它做什么？你回答自己：因为扣子松了，家里只有线没有针，所以我想磨根针缝一缝。

问到这里，你会发现，"铁杵磨针"这件事只是手段，不是目的。你的目的是把松掉的扣子缝起来，为此选择了"把家里没用的铁杵磨成针"这个手段。

分辨清楚了这件事是手段还是目的，你就来到了第三问：为了达成你的目的，还有没有其他更优的路径呢？

这就需要你打开思路，进行开放性思考了：我的目的是什么？是缝扣子。除了把铁杵磨成针来缝扣子，我还有没有别的办法？好像有：可以找村里的裁缝缝，可以找邻居借根针缝，可以再买根针缝，就算你没钱买针，把铁杵当废铁卖了，卖的钱也够买一盒针了。以上无论哪个选项都比铁杵磨针要快捷、合算（见图4-2）。

图 4-2 分清目的和手段

既然你打开思路之后发现，解决缝扣子的问题有的是更好的办法、更优的路径，那就优先使用换靶思维，放弃磨铁杆，另外想办法。

铁杆磨针的案例虽是戏说，但我们可以举一反三，从中提炼出选择成长思维还是换靶思维的一般规律：当遇到的困难涉及自我抨击时，就优先使用成长思维；如果遇到的困难不涉及自我抨击，又有更优的替代路径，那就应该优先使用换靶思维。

理解了这一点，我们对换靶思维的认知就上升到了第二个层次。然而，我们的探索还未结束。

换靶思维的适用范围

我在之前解读《被讨厌的勇气》一书的课程中和这本钝感力心法

里，都不厌其烦地强调：我们学习任何一种理论工具，都一定要掌握它的适用范围，不然就成了"尽信书不如无书"。我们不仅要知道一种理论工具会在哪些场合下适用，还要知道假如这一理论工具被滥用了，会导致哪些后果。

滥用换靶思维的可能导致人们在不该换靶的时候换靶，也就是在该使用成长思维的时候换靶。最典型的一种情形，就是有些人在面对困难时，明明已经没有更优的替代路径，只能努力成长、改变自我，但他们为了规避受挫感，选择强行换靶，放弃了当前努力的方向，然后用"东方不亮西方亮"这样的话来安慰自己。

比如一个人在大学里因为沉迷游戏，经常逃课，学业不佳，所以经常被老师批评，在同学中也感觉很没面子，产生了强烈的挫败感。但是，他因为经常打游戏，游戏排名在学校里颇为靠前，因此他也在学校的游戏圈子里小有名气，被校内的其他游戏玩家称为"大神"，这让他感觉自己俨然一位名人，由此缓解了学业不佳带来的挫败感，心情好了许多，对于之后老师的批评、同班同学的复杂目光也提高了钝感力。但游戏对他的价值仅此而已。他的游戏天赋和水平并不足以支持他走职业电竞的路，他也从来没打算做一个游戏主播，以游戏为生计，游戏仅仅是他缓解学业挫败感，改善自己心情的工具。

表面上看，例子里的这个人通过换靶思维，提高了自己面对学业不佳困境时的钝感力，但这其实属于对换靶思维的滥用。

人为什么要上大学？对普通人来说，不外乎是为了将来有个更好的进入社会的起点。拥有大学学历，通常意味着有更多机会找到体面的工作，相比没有学历的同龄人，可能会进入更舒适的工作环境，获得更高的收入，这是普通人上大学的目的。为了这个目的，除了好好学习，认真对待每一次考试，拿到每一门课的学分，并没有更优的替代路径。**在没有替代路径的情况下，对待挫折，我们应当使用成长思维，而非换靶思维**。这时强行换靶，就属于对换靶思维的滥用。

可怕的是，对换靶思维的滥用，因为完美满足了人们面对挫败时的心理防御机制，所以非常容易让人产生依赖性。例子中的这个人在原有的赛道，也就是学习考试中一直处于受挫和低自尊的状态，而在游戏赛道中众星捧月的感觉，让他找到了自己比别人强的优越感，这种感觉就会吸引他在新的赛道投入更多的精力，享受这种换靶的结果。

在阿德勒心理学里，这种心理机制有个术语，叫"过度补偿"，即人会用在另一个次要领域的优越感，来补偿自己在主要领域的自卑感。

过度补偿与扬长避短不同。扬长避短是发挥自己的优势，规避自己的劣势，这是一种现实的个人成长策略，其本质是暗合换靶思维的。在正常的扬长避短中，人们规避的劣势，属于可有可无的领域，把它们替代掉属于正确的个人成长策略。但是在过度补偿行为里，人们规避掉的并不是可有可无的次要领域，**而是自己不容逃避的主战场。**

就好像例子中的这个人，虽然以游戏领域的成就感来过度补偿自己学业落后的挫败感，但人总有要毕业的时候，而他学业不佳，常常挂科的问题依然摆在眼前。游戏中的表现确实可以为他赢得一些赞赏的目光，但他的游戏天赋并没有强大到可以走职业电竞这条路的地步，不能成为他安身立命的主赛道。**滥用换靶思维，只会导致错过问题的最佳解决时机。**

认识到滥用换靶思维的危害，这就是我们对换靶思维认知的第三层。

回顾一下，我们前面讲到的面对挫折时的两种备选思维工具。先是成长思维，简单来说，就是事没做好，是我目前对这件事还不够熟练；后是换靶思维，简单说就是，事没做好，是因为这件事不适合我们，需要我们换件事做。

我们对换靶思维的理解，有从低到高三个层次（见图 4-3）：在生活遭遇困厄时，能够想到换靶思维的存在，想到有穷则变、变则通的可能，这是第一个层次；能够自觉地分析，当前到底应该选择成长思维还是换靶思维来应对困境，这就上升到了第二个层次；能够明白滥用换靶思维的危害及人对过度补偿机制潜在的依赖性，自觉警惕自己身上的过度补偿现象，这就到了第三个层次，也就可以说是彻底地理解了换靶思维这个思维工具。

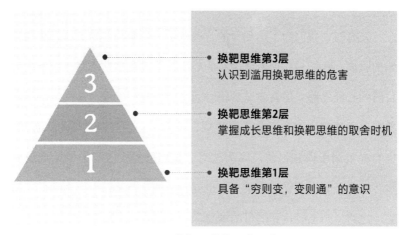

图 4-3　换靶思维的三个层次

实践换靶思维的抓手

对换靶思维的训练有一个抓手，就是学会辨别当下你正在做的事，是手段还是目的。

人类经常出现的一个认知错误，就是分不清一件事情是手段还是目的。

有时，我们认为必须要完成某一件事，却没能看到，这件事并不是我们真正要抵达的终点。正如"铁杵磨针"的例子展现的，我们把铁杵磨成针不是目的，目的是缝扣子。如果我们错把其中的一条很难走的小路当成了必经之路，那么不仅浪费了时间，还会徒增自己的挫败感。

又有时，我们为了达到目的，选取了一条路径开始尝试。在刚开始的时候，我们只是抱着试试看的心态，并没有把这条路径当作达到目的的必经之路。但在尝试一段时间之后，我们发现，这些尝试虽然并非毫无进展，却又不是进展很顺，进入了一种进退两难的状态时，也容易混淆手段和目的。因为这时，我们已经投入了大量的沉没成本，心理上很难接受放弃重来，也就容易把这条路径当作达到目的的必经之路，乃至要达到的目的本身。

为了警惕错把路径本身当成目的的情况，我们需要进行针对性的思维训练。这种训练可以借由如下的填空练习来进行：

现在让我感觉到挫败的＿＿＿某某事情＿＿＿，假如它能顺利完成的话，我会实现＿＿＿某某目的＿＿＿。

例如：

现在让我感觉挫败的＿＿＿推销奶昔搅拌机这件事＿＿＿，假如它能顺利完成的话，我会实现＿＿＿个人财富增长的目的＿＿＿。

现在让我感觉挫败的＿＿＿铁杵磨针这件事＿＿＿，假如它能顺利完成的话，我会实现＿＿＿缝好扣子的目的＿＿＿。

完成以上填空练习的过程，就是在帮助我们分辨：自己当前感觉很困难的这件事，到底是手段还是目的？在做完填空练习后，我们又可以问自己：为了达到这个目的，我还有没有更好的选择？我们使用换靶思维的契机，就在这个答案中。

16 导航思维：
董卓不是哭死的

我们在深焦思维一节中，讲到过人类注意力的对焦机制，简而言之，就是人的注意力一次只能集中在一个点上。当别人攻击我们时，如果我们将注意力集中在别人敌对行为背后的目的，就会对愤怒情绪钝感。

利用注意力焦点的转移，来提高自己对过量情绪的钝感力，不仅适用于与别人敌对时的愤怒情绪，同样适用于我们遭遇挫折时产生的沮丧情绪。此时，如果我们把注意力转移到自己想要实现的目标上，专注于思考解决方案，就同样可以利用注意力焦点的转移，来淡化过量负面情绪对我们的影响。这就是本章想要分享的导航思维。

曹操的导航思维

在《三国演义》这部小说中，曹操这个人物，可谓善用导航思维的典范。

在小说开头不久，董卓带兵进京，仗着手中的武力将朝廷变成了自己的一言堂，使得朝政混乱不堪。当时汉室虽然已经衰落，但朝中还有一批忠臣，面对董卓的倒行逆施，他们虽然恨得咬牙切齿，却畏惧董卓的武力，对现状束手无策。

在此背景下，忠于汉朝的司徒王允借给自己庆生为由，把一批同道中人聚到自己家中。席上，众人说到董卓专权乱政，王允悲痛之下泣不成声，连带满屋客人都涕泪纵横。

这时就轮到曹操出场了。只听曹操放声大笑，众人诧异：大家都哭得很伤心，尽情地表达自己对奸臣的愤恨，怎么这个家伙却突然笑了起来？而曹操说："满朝公卿夜哭到明，明哭到夜，能哭死董卓否？"接着，他便从容不迫地与王允密议，定下了暗杀董卓的计划，实实在在地把反董卓的计划向前推进了一步。

这个例子非常有代表意义。满朝公卿虽然都想扳倒董卓，但这件事难度太高，他们为此而沮丧消沉，陷入过量的负面情绪。但无论满朝公卿怎么哭，董卓依旧在那里，公卿们对于反董卓的目标，并没有向前推进。曹操刺杀董卓的计划固然没有成功，但至少又探明了一种行动方案的可行性，这才是真正的采取行动。

面对挫败，沮丧消沉是人类正常的情绪反应，但总有些强者，能凭借过人的心理素质，超越这一情绪本能，比旁人更快地从负面情绪中走出来。也就是说，他们拥有远超常人的钝感力。

纵观曹操的一生，无论是《三国演义》中的戏说，还是《三国志》《后汉书》等正史的记载，我们都会发现，这个人的经历其实极为坎坷。与其他的传世名将相比，曹操打过的败仗格外多，在东汉末年的群雄中，曹操既不是家世名望最好的那个，也不是初始资源最多的那个，甚至也不能算是运气最好的一个，最后却偏偏是他的势力最大。这与曹操本人过人的钝感力不无关系。

乱世纷争犹如赌局，没有常胜将军。各路豪杰，都有过辉煌时刻，也都难免经历挫败。袁绍曾何等威风，吕布也曾何其得意，但当他们遭遇重大逆境时，却往往被自己糟糕的心态重重制约，失去了东山再起的勇气，他们的团队也就失去了斗志，整个势力就离败亡不远了。

而曹操、刘备这样的领袖，他们一生的失败次数，远远多于那些早早谢幕的诸侯，但他们却能凭借强大的导航思维，获得超出常人的钝感力：失败了？没关系，赶紧想想接下来怎么办。曹操刺杀董卓失败了，赶紧想怎么逃脱追捕；濮阳被偷袭了，赶紧想怎么将之夺回；赤壁兵败了，赶紧想怎么逃出生，卷土重来……

这样的人，无论遇到什么样的失败，只要自己肢体健康、心智尚存，就不会陷入长时间的沮丧消沉。他们也许在得知坏消息的一刹那会感到震惊、懊悔，但不消片刻，注意力就会转移到"我该怎么办"

这个问题上来。善于管理自己的注意力，利用注意力的对焦机制来淡化负面情绪对自己的影响、对团队士气和信心的影响，这是他们面对逆境时极高钝感力的根本来源。

不止是古代的乱世豪杰，在现代的各行各业，只要我们仔细观察那些事业有成的强者，就会发现，具有强大的导航思维是这些成功人士之间最大的共性。再成功的人也不可能百战百胜，总有遇到挫折的时候，但事业上的强者会在人生的早期，就训练出自己优秀的导航思维，从此远离过量负面情绪的困扰。

不仅如此，长期的导航思维的训练，也让他们能比普通人花费更多的精力去审时度势，思考问题的最优解。长此以往，用进废退，他们解决问题的思维能力远胜普通人，对负面情绪的感知力则远弱于普通人，从而磨炼出了世间强者所共有的品质。

导航思维的价值绝不止于钝感力

导航思维一旦养成，其价值是多方面的。

它不仅能够提高我们对沮丧情绪的免疫力，让我们远离自卑情结，减轻负面情绪对自己心理健康的损耗，也会大大增强我们对尴尬、羞怯等其他负面情绪的钝感力，让我们在面对难题时，愿意比普通人付出更多的努力去尝试。

举一个动画片中的例子。

在动画电影《飞屋环游记》中，小男孩罗素为了获得童子军"帮助老人"的徽章，敲开了鳏居的老爷爷的房门。小男孩正在照本宣科地说明自己的来意，遁世已久的老爷爷却早已听得不耐烦，径自要去关门。没想到门却没关上，原来小男孩伸进来一只脚挡住了门。即使脚被夹疼，让他"哎呦"了一声，小男孩还是继续厚着脸皮道明来意。老爷爷只好听他把话说完。

在这个小小的片段里，小男孩罗素就展现出了超过普通人的钝感力和导航思维。

小男孩罗素上门陌拜时，已经接收到了明显的负面信号。很多人这时可能就会知难而退，但对于罗素这样具有导航思维的人来说，他的思维地图里没有知难而退这一点，他关心的只有自己的行动终点——助老勋章。

对终点的高度关注，让具有导航思维的人能够克服眼前的阻碍，在平常人可能会知难而退的局面下，仍然要再试一试。

具有导航思维的人，不会被寻常的困难吓退。他们遇到阻碍时，第一反应不是放弃，而是再试一试。如果实在不行，那就说明目前所采用的方法不对，需要再想其他办法。他们不会觉得尝试多次却不行会有损自尊，他们的眼里只有终点。

可想而知，面对同样的高难度任务，这些人达成最终目标的概率，会比那些稍微碰壁就打退堂鼓的普通人要高出许多。一开始，他们或许会经历比别人更多的失败，但日积月累，聚沙成塔，在不懈的坚持和勇敢的尝试中，这些人的世俗成就和普通人的差距，就会慢慢拉开，这就是这种品质几乎是成功人士标配的深层次原因。

导航思维的适用范围

老规矩，讲完了导航思维的好处，接下来就要讲适用范围了。任何理论工具都有适用范围，导航思维也不例外。

导航思维同样有着被滥用的风险，有趣的是，越是在成功人士身上，我们也越容易看到这种思维滥用的案例。滥用导航思维可能导致一个人为达目的不择手段，不仅对自己的负面情绪钝感，甚至对他人的感受和痛苦无动于衷，变得冷酷无情，最终可能造成"一将功成万骨枯"的后果。

比如曹操这位运用导航思维的成功典范，无论在《三国演义》中，还是在正史记载里，他都被描绘为一个为达目的不择手段的人。"白骨露于野，千里无鸡鸣"，虽然诗句为他本人所作，但这种惨状又何尝不是因他而起？

也许有的朋友会觉得：就算滥用导航思维会让自己显得冷血，但只要能取得成功不就行了吗，还管这么多干什么？对于此种成功学中常见的观点，我们暂且不从道义角度评价，而是要先厘清一个逻辑问题。

导航思维，可以说是成功的必要条件，但它绝非成功的充分条件。我们固然能从史书和现实社会中找出很多滥用导航思维，毫无道德底线的人获得成功的例子，但如果我们排除掉幸存者偏差，就会发现，在这些成功案例背后，有着多少持同样价值观却早就灰飞烟灭的失败例子！

一旦滥用导航思维建立起了冷血的形象，此人在团体里势必会树敌多多，个人信誉也会受损。在一个团体里，假如有若干个竞争者都对最高的位置心存觊觎，但最后终究只会有一个胜出者，其他的人随时可能会在竞争过程中陨落。对普通人来说，如果无视幸存者偏差，想要效仿史书上和名人传记里那些滥用导航思维的"成功人士"来获取幸福，无论前面赢了多少，只要中途行差踏错，自己反而会变成别人上位的垫脚石。靠这种路径来获取人生幸福，就像用自己的人生赌博一般，殊为不智。

就算不谈涉及杀伐生死的情形，在日常生活中，一个滥用导航思维而过于冷血的人，也常会有令亲友齿冷之举，很容易令身边的人对他敬而远之，活成一个孤家寡人，而与人生幸福的理想状态，就更是南辕北辙。

说了滥用导航思维的危害，那么，我们该怎么判定导航思维的滥用与否呢？有什么简便地判断导航思维是否滥用的方法呢？

当然是有的，那就是回归钝感力的原始概念，看你在使用导航思维时，所钝感的对象是什么：**是对自己的情绪钝感，还是对别人的情绪钝感**？

如果你只是用导航思维来让自己对自己的情绪钝感，规避负面情绪对自己的束缚，那就属于正当使用，没有问题。

但如果你开始对别人的情绪钝感，无视别人的感受，那就意味着存在滥用导航思维的风险，需要仔细审视自己的目标，进一步判断：如果你继续使用导航思维，向目标前进，会给对方造成多大的实际损害？这就是导航思维滥用与否的判断依据。

以《飞屋环游记》中小男孩罗素的例子来说，罗素钝感的对象既包括了自己的情绪，也包括了老爷爷的情绪。

对自己的情绪钝感，是毫无问题的；对老爷爷的情绪钝感，就需要罗素通过进一步的审视，判断自己如果继续厚着脸皮说完话，会对老爷爷造成多大的实际损害。在影片中，他的行为当然没有对老爷爷造成什么实际损害，所以这种导航思维并没有被滥用；但假如罗素看到屋里正躺着一位昏迷休克的老奶奶，老爷爷本来是在为老奶奶做心肺复苏，要是这时罗素还要厚着脸皮占用老爷爷的宝贵时间，只管自己说话，那就是滥用导航思维，越过了钝感力的边界。

类似地，曹操运用导航思维遏制了在座群臣的沮丧情绪，构思行刺董卓的计划，这是导航思维的正当使用；但他在讨伐陶谦时，为了打击对手的战争潜力而屠戮平民百姓，这种无视民间苦难的行为，就属于对导航思维的恶意滥用。

总之，只要我们把导航思维的使用控制在正当合理的范围内，它就是我们提高自己钝感力的一把利器，也是一种非常宝贵的品质。

三棱柱的第三个面

在阿德勒心理学普及读物《幸福的勇气》一书中，提到过"心理学三棱柱"的概念，这个三棱柱由三个面组成，分别写着"可恶的他人""可怜的自己"和"以后怎么做"。

一个人如果沉浸在过量的愤怒敌意情绪中，他就只能看到"可恶的他人"这一面；如果沉浸在沮丧挫败情绪中，他就只能看到"可怜的自己"这一面；如果沉浸在懊悔自责情绪中，看到的就是三棱柱前两面的变体"可恶的自己"。只有当一个人的内心足够强大，能够从过量的负面情绪中走出时，才能看到第三个面——"以后怎么做"。

阿德勒学派鼓励人们，不论在任何情况下，都不要忘记三棱柱还有第三个面——"以后怎么做"，对我们来说这正是导航思维的意义所在。只有养成这样的思维习惯，才能尽最大努力克服命运的随机性对自己情绪造成的扰动，进而改善自己的人生处境，这正是生活中的强者所必备的心态。

这样的思维习惯，对于我们从逆境中恢复并重塑自我效能大有裨益。导航思维除了能够帮助我们将注意力从自己的负面情绪，转移到"以后怎么做"这件事本身以外，它还能够给我们一种"我已经行动起来了""我是个有行动力的人"这样积极的自我概念。这种积极的自我概念，能够反哺自我效能，构成一种良性循环。

本章序言讲到过，自我效能是"感到自己有能力完成好某件事"的一种感觉。虽然导航思维只是在构思"以后怎么做"，还不等于一定能把这件事做成，也可能无助于培育"完成好这件事"的自我效能感，但是，在"完成好这件事"之前还有一件极为重要的事，那就是"让自己动起来"，这一点是陷入逆境中的人极为缺乏的。

从生活经验可知，身处逆境的人之所以普遍缺乏行动力，正是因为他们的精神能量长期匮乏，不足以弥补"让自己动起来"这种逆势能活动的效用势能差。

所谓"效用势能"，与物理势能相似，体现的是在一个人的精神世界中，对不同类型活动、决策的效用偏好排序。效用偏好越强烈的活动，越容易让个体从中感到舒适、快乐，会让人给这种活动以较高的效用估值，这种活动也就具备更低的心理势能。反过来说，个体对效用估值较低的活动，也就具备更高的心理势能。

自然界的江河水流，如果没有人类外力的干预，总是会从高势能的位置流向低势能的位置，心理活动也是同理。

人类的一切活动，根据其效用势能的高低，可以划分为"顺势能活动"和"逆势能活动"两种类型。

比如一个人因为跑步累得满头大汗，所以他停下来喝水、休息，他的心理势能就会从"跑步"这一低效用、高势能的活动，流向"喝水"和"休息"这两种高效用、低势能的活动，就仿佛自然界的水往低处流，不需要外力干预，这种现象自然而然就会发生，所以它是"顺势能活动"。

再比如，一个人本来躺在沙发上，刷手机刷得很舒服，却突然要起来读书和写日记。此时，他的心理势能就会从不用动脑筋的"刷手机"的高效用、低势能活动，流向非常耗费脑细胞的"读书写作"这样的低效用、高势能活动，就仿佛水往高处流，不借助外部能量不可能发生，所以它是"逆势能活动"。

水流的逆势能运动，需要来自外部的额外能量，比如借助电能，用抽水泵把水抽上来，也就是靠电能来克服势能差。人类的逆心理势能活动，同样需要额外的能量来克服心理的势能差，这种额外的能量就是我们常说的精神能量，通俗的理解就是意志力。

处于逆境中的人，因为精神能量长期匮乏，所以看上去会显得意志力不足，明知道那些心理上低效用、高势能的事对自己有益，却就是很难动手去做。

　　此时，如果逆境中的人们善用导航思维，让自己把"思考以后怎么做"当作行动的第一步，先行动起来再说，这样就能形成"自己已经动起来了"的既定事实。

　　"已经动起来了"这个既定事实，会给人们一种正反馈：我不再是光说不练的那种人了！我是能够动起来的！我是有行动力的！——这样的正反馈，会整合进人们的自我概念，也会为人们注入一股精神能量，帮助他们不断提高行动力，从而越来越觉得，自己有能力完成好"让自己行动起来"这件事，自我效能也就由此产生，其心理状态就会渐渐转向心理学三棱柱的第三个面——"以后怎么做"，告别往日颓势。

　　导航思维，与之前讲过的15种思维皆可产生联动。我们之前讲过的所有思维，都是为了让我们优化解读方式、释放负面情绪，让自己从被过量负面情绪包围、精神能量缺失的危险区中走出。在这之后呢？我们仍然需要直面客观世界里那些曾经困扰自己的生活难题，需要从心理层面回归物质层面去解决问题。也就是说，导航思维是前面所有15种思维的综合运用，因为提升钝感力不是我们的最终目的，解决问题才是。

　　无论如何，我们都需要将自己的心理状态转到三棱柱的第三个面。

实践导航思维的抓手

导航思维的练习，同样可以从一个填空练习切入。当我们心情不好、开始感受到沮丧挫败情绪时，就可以试着将自己当前的状态用这样的句式转述出来——

我当前心情不好，是因为我想要的 <u>某某目标</u> 没有达成。

比如：

我当前心情不好，是因为我想要的 <u>打倒董卓的目标</u> 没有达成。

我当前心情不好，是因为我想要的 <u>拿到童子军助老徽章的目标</u> 没有达成。

做填空练习的时候，我们已经不自觉地把注意力的焦点转移到了自己的目标上，也就在不知不觉中，把心理学三棱柱转动到了第三个面。

之后要做的，就是具体问题具体分析，构思解决方案了。或者是百折不挠地多试几次，或者是运用换靶思维另辟蹊径，或者是用成长思维看到自己经验值的成长……总之，不管你采用哪种方法、哪种思维工具，你都已经行动起来了。

敏于思，才能钝于感

16 堂钝感力训练课，对应着 16 种思维工具。我们已经把 16 种思维工具一一介绍完毕，全书也已经进入尾声。

在后记部分中，容我再和大家多聊几句。

16 种思维工具在解释风格上的共性

不知道读者朋友们有没有发现，在所有 16 种思维工具之中，都有两点共性：第一，把矛盾的焦点从"人"转移到"事"；第二，用中性的、开放性的解释风格，来代替悲观的、下定论的解释风格。

先说第一点：把矛盾的焦点从"人"转移到"事"。

这一点，我虽然在"缓解人际冲突"部分已经提到过，但它适用的范围，不仅仅是缓解人际冲突的 4 种思维，在后面的 12 种思维里，我们也都需要把矛盾从"人"转移到"事"。

哪怕是不涉及人际关系的情境，比如一件事没办好，我们也不应该首先将它解读为自己这个人的问题，而是需要先从事情本身入手，分析问题。

也许我们做得其实很不错，只是业绩指标不能够反映自己的功劳，这是全览思维。

也许事情的成败与我们能力的强弱之间本无必然联系，对于这个失败的结果，我们已经在控制圈和影响圈里做到了足够好，有着很高的胜利份额，这是脱钩思维。

也许这件事的目标属于"既要又要"，是大家期望值太高了，这是低期思维。

也许这件事没做好，只是因为我们对相关的知识和技能还不熟练，但未来还会成长进步的，等到熟练了，自然就会做好，这是成长思维。

也许这件事的出发点就不对，我们有更优的路径选择，不必花时间在这件事上坚持，这是换靶思维。

对于一条负面信息，我们既可以选择把它解读成和人有关，和人的品性、特质、天赋、意向有关，也可以把它解读成和事有关，仅仅是事情本身还存在着没理顺的地方，导致结果不尽如人意。几乎所有的解读方式，都可以被初步分为这两大类型，解释风格也是如此。

一个善于使用阿德勒心理学来帮助自己进行个人成长的人，需要学会培养立足于"事"的解释风格，这样既能自然而然地调用本书所讲的 16 种思维工具提高钝感力，也能帮助自己更快地将心理学三棱柱转向第三个面。

再说第二点：摒弃先入为主、悲观负面的解释风格，用一种中性的、开放式的解释风格来替代。

就像人际关系出现矛盾时，未必是因为我们还不够好，或者我们和对方天性不合。比起早早归因下结论，我们更应该保持开放的态度，看到这个结果背后的多种可能。非敌思维、深焦思维、错配思维就蕴藏于开放的态度中。

再比如我们因为事情没做好，导致自己陷入了沮丧，或者被别人道德绑架，抑或是在社交中出丑，也都别着急下悲观的结论。因为它们背后同样存在很多可能的原因。本书所介绍的众多思维工具，都能为我们从不同角度提供不那么悲观负面的归因。

在阿德勒之前的心理学流派，大多习惯于一种决定论的解释风格。在很长一段时间内，人们普遍认为，一个人的命运轨迹和人生选择，都是被某些不可抗力圈中的因素所"决定"的，比如内分泌系统中的某些物质、基因中的某些特质或者是原生家庭和童年经历等。似乎是这些无法被轻易改变的力量决定了一个人的心理状态，而人类在这些力量面前毫无办法。以上种种决定论式的错误解释风格，就很容易让遭遇困厄的人产生一种悲剧般的宿命感，让悲观的解释风格滋生蔓延。

但阿德勒打破了这一偏见，他无比强调个人主观能动性的价值，强调人的过往经历对其心理状态并没有所谓的决定性作用，只有个体的解读方式才能决定人的心理状态。而人的解读方式，又是完全可以通过个人成长和后天努力加以优化改善的。

也就是说，每个人的命运，都掌握在自己手中，每个人经过恰当的思维训练，都有改善自己命运、追求幸福的可能。这让阿德勒心理学不再是一种冷冰冰的理论，更是一种热情洋溢的信念。

而且，与那些空中楼阁般的信念不同，阿德勒学说在他本人和后来的学者的努力下，都不断丰富着实践的成果和收获新的证据。

阿德勒学说诞生的一百多年来，世界上已经有无数个体在阿德勒学说的指引下，在阿德勒学派或者是汲取了阿德勒学说的营养而演化出来的诸多新的心理学流派的咨询师、治疗师的帮助下，改善了自己的人生状态。

无数的事实和个案已经证明，更加积极的解释风格，比起悲观的解释风格，更有利于人生状态的改善。

此外，解读方式和解释风格的不同，不仅仅是一个心理学问题。

在人类的解读方式中，"归因"占了很大的比重。甚至在有些情境下，归因可以等价于解读。在人类的认知误区里，最常出现的错误就是归因错误。归因错误不仅和心理学素养的不足有关，更是和逻辑学素养的缺失有关。

比如人际关系中的日食陷阱，这种错误的解读方式，固然和个体解释风格中的缺陷有关，但又何尝不是逻辑学素养的匮乏所导致的结果呢？错把一件事众多可能原因中的一个偏悲观负面的原因，当作唯一可能的原因，无视其中有其他原因存在的可能性，这也是逻辑思维欠缺的表现。

从这个意义上讲，逻辑学知识和心理学知识，都应该是个人成长的必修课。

钝感力虽然很重要，但不是"北极星指标"

我们的确需要学习如何提高钝感力，但不能因此而不顾其余。

在羊梨笔记的全部内容规划里，个人成长和对幸福感的追求是核心命题，而钝感力只是其中一个小小的篇章。只是在日常和朋友们的互动中，我经常听到有朋友说，看到渡边淳一的《钝感力》这本书之后，觉得这个概念很有意思，认为自己也缺乏必要的钝感力，但不知道怎么开始行动，也不知道如何才能针对性地提升钝感力。

我翻过《钝感力》这本书，发现其中确实有这个问题。作者渡边淳一虽然是文学领域的杰出人士，以其独到的眼光提出了钝感力这个概念，却并没有用哲学和心理学等领域的知识来深入诠释它。原书对钝感力这一概念的界定不够严谨，对钝感力的阐述也难免流于泛泛，可启发人思考，却不足人师法。

为此，我选择从钝感力这个小小的话题切入，以阿德勒学派的心理学和哲学理论为基础，用系统化的思维，来探讨普通人皆可习得的钝感力提升之道。

但钝感力的提升，毕竟不是人生的最高目标和最终目的。换句话说，我们之所以想要提升钝感力，是希望借助钝感力的提升，帮助我们减少过量情绪对自己的困扰，帮助我们更好地应对那些可能会困扰自己的情境。我们的最终目的仍然是个人成长，是获取幸福，提升钝感力只是备选方式之一。

因此，在本书探讨适用范围的部分，我都会提到，虽然某种思维与钝感力也许是绝对的正相关关系，那种思维越充分，钝感力就会越强，但我们不能只顾着钝感力。如果因为过量使用某种思维，而导致人生其他方面受到损害，这种情况也绝非我们所愿。

提升钝感力的种种思维，绝不是简单的心理调节术

阿德勒心理学认为，人类的一切问题情绪和问题行为，都来源于错误的解读，可能是对某个场景的解读方式有错误，也可能是对整个世界的解释风格有错误。

我们每个人从出生到长大，或多或少会受到错误的教育方式、错误的流行文化的影响。因此，我们的解读方式中难免会留下一些谬误，使我们对某些场景的解读偏离真相。正是这些错误的解读方式，导致我们产生了过量负面情绪、对某些情境的过激反应和问题行为。

我们对某些情绪感受过于敏感，容易陷入内耗，表面上看是钝感力不足的问题，本质上却是对世界的真相、特定情境的真相过于钝感，缺乏对事实敏锐洞察的问题。

敏感和钝感，就好像太极图中相辅相成的阴阳图案。

如果我们对事情的真相和本质钝感，就容易对自己的情绪感受过敏；反过来，一旦我们运用源于阿德勒学派的这些思维工具看懂了情境背后的真相，做出了正确解读之后，我们对事情的本质会更加敏锐，而对情绪就会提升钝感力。

本书分为两大部分：第一部分为对钝感力问题的元思考，以及对阿德勒心理学和哲学的一些必要基础理论的铺垫；第二部分则列出了针对常见情境的 16 种有助于提升钝感力的思维工具。第一部分位于书的前部，比较抽象，不如后面的 16 种思维那么直观和容易理解，也许容易被大家遗忘和忽视。

但我想强调的是，第一部分非常重要，尤其是该部分的后两节内容。它既是阿德勒学派咨询师为来访者排忧解难的心理疗法的基础，也是我们尝试自助解决很多困扰自己人生难题的基础。这些人生难题中，就包括了"如何反击内耗提升钝感力"这个问题。如果我们不能认识到，自己的一切问题行为和问题心理都源自有问题的解读方式，那么提升钝感力，就如同无源之水、无本之木，不可能收获稳定的实效。

在阿德勒看来，一个人解读世界的方式，就是这个人人生意义的体现，是一个人精神活动中最为核心的部分。我习惯于用人生操作系统来与之类比，它影响着我们对一切场景的解读，当然也就影响着随后对应对策略的规划和言行的外在表现。

在羊梨笔记关于个人成长的全系列内容图景中，对于如何升级自己的人生操作系统，有全盘的思考和规划。

只是，升级人生操作系统，意味着升级对整个世界的解释风格，牵涉甚广，耗时甚巨。对于钝感力这个小小的话题而言，我们完全可以走捷径，也就是选取生活中极其常见的 16 类容易让人产生错误解读的情境，然后针对性地练习 16 种认知升级的思维工具。这也就是第二部分的全部内容。

这 16 种思维工具，本质上可以理解为新版人生操作系统的 16 个桌面快捷方式，它不需要我们费时费力去升级对整个世界的解释风格，只要对这 16 种常见情境认知升级，即可产生相当显著的效果。

学习反内耗思维提升钝感力，说复杂也复杂，因为有那么多种潜在的过量情绪，那么多令人感到困扰纠结的场景，那么多值得练习的思维工具；但说简单也简单，因为它并不需要我们费尽心力去克服自己的性格弱点，更不会受到诸如原生家庭、生理因素等不可抗力的遏制，它只是需要我们认识到自己从前对此类场景的解读中存在的问题，并针对性地加以优化。

提升钝感力的本质，从来都不是学习一些安慰自己的心理调节术，而是学会正确的解读方式，用思考的力量，逼近生活的真相。

只有敏于思，方能钝于感。

提升钝感力重在修己，绝非为外界的过失开脱

我在导航思维部分中，讲到过"心理学三棱柱"的三个面："可恶的他人"、"可怜的自己"和"以后怎么做"。

当我们开始感觉到自己被内耗所困、需要提升钝感力时，通常都不是在顺风顺水的局面下，而是在遇到逆境、困境之时。在这些局面下，"可恶的他人"和"可怜的自己"是最先涌上心头的自然反应。

虽然本书前面讲过，用好非敌思维，可以化解日食陷阱；再用好深焦思维，就可以解决日常生活中很多和敌对有关的难题，化误解为共识，化敌对为协作；但仍然不排除，生活中还是会有一些情境，确实是因为他人的过失和恶意，而令我们陷入困境。

本书的重心，是帮助大家缓解因三棱柱的前两个面滋生出来的过

量负面情绪，和它们对我们的束缚，让我们能尽快将自己的心理状态转到三棱柱的第三个面——"以后怎么做"，好重整状态、应对困局。但这绝不等于无条件原谅所有的人和事，也绝非为外界的过失和恶意开脱。

在深焦思维部分中，我讲到过人类的注意力对焦机制，类似于相机的镜头，一次只能对焦到一个点上。同理，任何书籍、理论、课程和读物，也只能对焦在某个问题的一个点上。本书的焦点在我们"以后怎么做"，自然也不会将怎么追责"可恶的他人"作为重点。

从个人成长角度讲，这个次序是明智而且必须的。

打个比方，假设有一栋居民楼突然倒塌，居民被困在废墟里，很多人受了伤，情况很危险，这个时候来了一支救援队，队员的第一要务一定不是开会分析为什么楼会塌，研究怎么起诉和赔偿，而是去救人。

先救人，不代表要为应负责任的人开脱。至于该怎样追责、复盘，这些事情是救完人以后才该关注的问题。

当人身处逆境时，最重要的是先立足于"以后怎么做"，完成自救自助，它绝不意味着要为外界的过失开脱。

随着境界提升，你会逐渐化刻意为无意

在书中，为了讲解和理解方便，我采用了分解式的讲述方式，列

举了 16 种常见情境和相应的思维工具。但在现实生活中，一个场景往往是很复杂的，针对一个场景，可能会同时用到很多种思维工具。

举例来说，小王是一名负责某自媒体"大 V"广告资源位招商的商务人员，业绩良好。但老板更希望看到小王在大型品牌活动上多招商，比如老板想要模仿业内名人的做法举办跨年演讲。老板希望通过演讲冠名，实现百万级甚至千万级的招商收入。

在小王看来，自己老板的层级尚未达到举办此类活动的水平，这个要求难以做到。但老板不信这一点，反而觉得小王能力不足，态度也不行，打算绕开小王，另请高人来负责这部分业务。

当老板终于招到了高人，并亲自开会欢迎，在向高人介绍公司业务现状时，言语间对当前品牌活动招商的情况颇有微词，令小王很不愉快。

那么问题来了：如果你是小王，面对这种情境，想要提升自己的钝感力，可能会需要用到多少种书中讲到的思维工具？

粗略算一下，这种情境可能涉及的思维工具不少于 10 种。

它和非敌思维有关：老板没有直接评价小王这个人，而是在和新来的高人介绍业务，或许老板只是在客观讲述自己的看法，并没有特别针对小王的意思。

它和深焦思维有关：老板虽然没有直接针对小王，但结合以往的互动经历来看，老板这么表达的背后有没有什么目的呢？

它和错配思维有关：老板关于品牌冠名招商的需求，与小王具有的与注重实效投资回报比（ROI）的客户打交道的优势并不匹配。

它和平级思维有关：老板的负面评价也许并不值得小王过分重视。在上一家公司，小王的能力得到了大家的认可。如果小王不在这里工作了，换一家公司，那么这个老板对自己就仿佛路人，他怎么评价自己就无关紧要了。

它和低期思维有关：如果小王不那么关心老板的评价，只关心硬指标有没有完成，那么自己完成得还是不错的，并没有老板所说的那么差。

它和脱钩思维有关：岂能尽如人意，但求无愧我心！老板的层级现状只有这样，行业环境也就是如此，小王在自己的控制圈和影响圈里，已经尽可能努力做了，如今的招商结果，说明不了小王的能力。

它和成长思维有关：潜在客户名录里，小王是不是只联系了十分之一？按常规的成功率来说，目前没有成单也属正常；如果继续坚持，也许会有所斩获。

它和换靶思维有关：主动的陌拜工作，小王做得很不舒服。像这种品牌招商，往往没有明确的实效投资回报比可言，更多是依赖甲乙双方的交情，甚至可能涉及一些桌下交易。这些既不是小王擅长的，也不是他愿意干的，这根本就不应该是他努力的方向，小王不应该在这种事情上继续浪费时间。

它和全览思维有关：虽然现在没有成单，但小王已经跟几家大客户建立了联系。他们对品牌活动冠名不感兴趣，但可能对公司相关的直播资源位感兴趣，也许有望谈成年度打包合作。

它和导航思维有关：现在不爽有什么用！还是得想想策略，如何再努力说服一下那两家有点犹豫不决的客户……

在此，我们就不一一列举了。但是，这样一个不太复杂的情境，可能涉及的思维工具就有 10 种以上，生活中的其他情境也是如此。

具体到某一种情境下，在我们作为 16 种思维的初学者还不大熟练的时候，难免会按图索骥、刻舟求剑，用得有些生硬，也有可能在练习运用的过程中遇到挫折，让我们的情绪过敏现象出现反弹，这些都没关系。只要我们坚持下去，学而时习之，把这些思维工具理解透、运用熟，就总会有从生硬到熟练的那一天。而我们的人生境界，也就在不知不觉中得到了提升。

就像著名的佛家偈语所言："身是菩提树，心如明镜台。时时勤拂拭，勿使惹尘埃。"这是初学者面对钝感力问题时的状态，需要时时提醒自己：我的负面情绪是不是又过量了？我的解读方式是不是错了？我该用哪种思维？如此勤学多练，才能提升对一些敏感情境的钝感力。

随着境界提升和人生操作系统的升级，你对那些思维工具的运用已经收放自如，拥有了将矛盾点从人转移到事的解释风格，也早就摒弃了悲观的、下定论的解释风格。到那时，很多原本的负面刺激，对你来说也就自然不再是负面的刺激。过量情绪无从谈起，内耗与钝感力问题也就消弭于无形，正如"菩提本无树，明镜亦非台。本来无一物，何处惹尘埃"。

羊梨笔记

2024 年 2 月